# 改变思维
## 菜鸟也能做出震撼
# PPT
## （全彩版）

创锐设计 编著

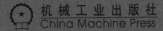
机械工业出版社
China Machine Press

## 图书在版编目（CIP）数据

改变思维：菜鸟也能做出震撼PPT：全彩版／创锐设计编著. —北京：机械工业出版社，2019.6

ISBN 978-7-111-62644-2

Ⅰ．①改… Ⅱ．①创… Ⅲ．①图形软件 Ⅳ．①TP391.412

中国版本图书馆CIP数据核字（2019）第083428号

本书不是一本单纯讲解 PowerPoint 软件功能的工具书，而是针对商务演示文稿制作，总结了许多既实用又有很强可操作性的设计思路和呈现方式，力求帮助读者实现设计思维的突破和飞跃。

全书共 12 章。第 1 章讲解演示文稿的本质和信息视图化的知识。第 2 章讲解获取演示文稿设计灵感的方法，以及常用的几种信息视图化的创意思维。第 3 ～ 10 章分别讲解演示文稿的各种元素的设计原则和应用技巧，包括文字和符号的使用、图片的选择和美化、图形和表格的使用、动画和声效的应用、颜色的搭配、版面的设计，以及如何运用主题和母版快速统一演示文稿的风格等。第 11 章讲解演讲的注意事项和技巧。第 12 章精选了 4 个典型商务演示文稿进行赏析。

本书适合需要使用 PowerPoint 进行演示的职场人士阅读，也可供对演示文稿制作感兴趣的读者参考。希望每一位读者在本书的帮助下，都做出极具震撼力的演示文稿。

# 改变思维：菜鸟也能做出震撼PPT（全彩版）

出版发行：机械工业出版社（北京市西城区百万庄大街22号　邮政编码：100037）

责任编辑：李杰臣　李华君　　　　　　　　　责任校对：庄　瑜

印　　刷：北京天颖印刷有限公司　　　　　　版　　次：2019年6月第1版第1次印刷

开　　本：190mm×210mm　1/24　　　　　　印　　张：8.5

书　　号：ISBN 978-7-111-62644-2　　　　　定　　价：69.80元

凡购本书，如有缺页、倒页、脱页，由本社发行部调换

客服热线：（010）88379426　88361066　　　投稿热线：（010）88379604

购书热线：（010）68326294　　　　　　　　读者信箱：hzit@hzbook.com

前言

从本质上来说，演示文稿是让信息的传播更加准确、生动、高效的一种辅助工具，它的目标是在演讲者和观众之间架起一座桥梁，让沟通变得通畅。许多人在使用 PowerPoint 制作演示文稿一段时间后会产生这样的困惑：为什么自己对 PowerPoint 的各项功能掌握得很全面，操作也很熟练，做出来的演示文稿却达不到理想的演示效果呢？破解这一问题的关键在于改变演示文稿的设计思维。

演示文稿设计并不是图、文、影、音的罗列，也不是鲜艳的颜色、炫目的动画的堆砌，而是需要在充分理解演示内容的基础上，优化内容的表达形式，提升演示的效果。本书从职场演示文稿制作常见的困境出发，总结了许多既实用又有很强可操作性的设计思路和呈现方式，循序渐进地介绍给读者，力求帮助读者实现设计思维的突破和飞跃。

全书共 12 章。第 1 章讲解演示文稿的本质和信息视图化的知识。第 2 章讲解获取演示文稿设计灵感的方法，以及常用的几种信息视图化的创意思维。第 3～10 章分别讲解演示文稿的各种元素的设计原则和应用技巧，包括文字和符号的使用、图片的选择和美化、图形和表格的使用、动画和声效的应用、颜色的搭配、版面的设计，以及如何运用主题和母版快速统一演示文稿的风格等。第 11 章讲解演讲的注意事项和技巧。第 12 章精选了 4 个典型商务演示文稿进行赏析。

本书适合需要使用 PowerPoint 进行演示的职场人士阅读，也可供对演示文稿制作感兴趣的读者参考。

由于编者水平有限，在编写本书的过程中难免有不足之处，恳请广大读者指正批评，除了扫描二维码关注公众号获取资讯以外，也可加入 QQ 群 736148470 与我们交流。

编者

2019 年 4 月

# 如何获取云空间资料

## 1. 扫描关注微信公众号

在手机微信的"发现"页面中点击"扫一扫"功能，如右一图所示，进入"二维码/条码"界面，将手机对准右二图中的二维码，扫描识别后进入"详细资料"页面，点击"关注"按钮，关注我们的微信公众号。

## 2. 获取资料下载地址和密码

点击公众号主页面左下角的小键盘图标，进入输入状态，在输入框中输入本书书号的后 6 位数字"626442"，点击"发送"按钮，即可获取本书云空间资料的下载地址和访问密码。

## 3. 打开资料下载页面

**方法 1**：在计算机的网页浏览器地址栏中输入获取的下载地址（输入时注意区分大小写），如右图所示，按 Enter 键即可打开资料下载页面。

**方法 2**：在计算机的网页浏览器地址栏中输入"wx.qq.com"，按 Enter 键后打开微信网页版的登录界面。按照登录界面的操作提示，使用手机微信的"扫一扫"功能扫描登录界面中的二维码，然后在手机微信中点击"登录"按钮，浏览器将自动登录微信网页版。在微信网页版中单击左上角的"阅读"按钮，如右图所示，然后在下方的消息列表中找到并单击刚才公众号发送的消息，在右侧便可看到下载地址和相应密码。将下载地址复制、粘贴到网页浏览器的地址栏中，按 Enter 键即可打开资料下载页面。

## 4. 输入密码并下载资料

在资料下载页面的"请输入提取密码"下方的文本框中输入步骤 2 中获取的访问密码（输入时注意区分大小写），再单击"提取文件"按钮。在新页面中单击打开资料文件夹，在要下载的文件名后单击"下载"按钮，即可将其下载到计算机中。如果页面中提示选择"高速下载"还是"普通下载"，请选择"普通下载"。下载的资料如为压缩包，可使用 7-Zip、WinRAR 等软件解压。

前言

如何获取云空间资料

导读

**第 1 章**

# 理解演示文稿和信息视图化

**第 2 章**

# 设计的灵感与创意的思维

**第3章**

# 文字与符号，演示文稿的表述基础

**第4章**

# 图片，增强演示文稿信息的传递

第5章

# 插图和表格，形象化表达演示文稿

第 8 章

# 主题，让演示文稿更协调

第 9 章

# 版面设计，成就专业的演示文稿

目录

本书不是一本关于软件操作的计算机图书，而是一本关于演示文稿设计思维与技巧的实用图书。本书通过分析大量精彩案例，总结出了一套简单实用、行之有效的方法，让非设计专业人士运用 PowerPoint 软件，也能制作出精美且具有说服力的演示文稿。

## 1. 如何使用本书

现在市面上有大量的关于制作演示文稿的书籍，其中大多是关于如何操作 PowerPoint 软件的计算机图书。这类书主要从 PowerPoint 软件的功能菜单、选项设置等出发，讲解制作演示文稿的方法，解决"怎么做"这一问题，但是做出来的演示文稿并不一定能达到理想的展示效果。而本书则着重从演示文稿的设计思维角度出发，介绍如何去设计能够获得出色的信息传达与沟通效果的演示文稿，包括图像运用、颜色搭配、动画设置等。图 0-1 展示了本书的结构与阅读方法。

举例说明如何使用上述介绍的方法让演示文稿有更强的说服力和更好的视觉效果

讲解如何更直观、形象、生动地表现演示文稿内容的方法

浅绿色区域是对正文中的关键操作步骤的解读

### 4.1.3 创建朦胧背景——简单实用的透明度和遮罩效果

许多图片看上去非常漂亮，但若是直接用作演示文稿的背景却未必合适。当然，您也可以通过 Photoshop 等专业的图片处理软件将图片处理后再用作背景。但在 PowerPoint 中也可以使用一些简单的方法，如调整透明度或添加渐变的遮罩来创建朦胧的背景效果。

如图 4-7 所示，将图片插入幻灯片中用作背景，图片颜色过于明亮，分散了观众的视线，从而影响了观众对标题内容的关注度。

图 4-7 过于明亮的背景图片

📖 **快速删除背景**

右击要删除背景的幻灯片，在弹出的快捷菜单中单击"设置背景格式"命令。打开"设置背景格式"窗格，在窗格的底部单击"重置背景"按钮，如下图所示，即可快速删除当前幻灯片中的背景图片。

图 0-1 本书的结构及阅读方法

## 2．认识演示文稿、幻灯片、母版及版式间的关系

图 0-2 中展示了演示文稿、幻灯片、母版及版式之间的关系。一个演示文稿由多张幻灯片构成，新建的演示文稿中默认包含一个幻灯片母版，幻灯片母版中又有多种版式，幻灯片母版中的版式决定演示文稿中对应版式的幻灯片的样式。

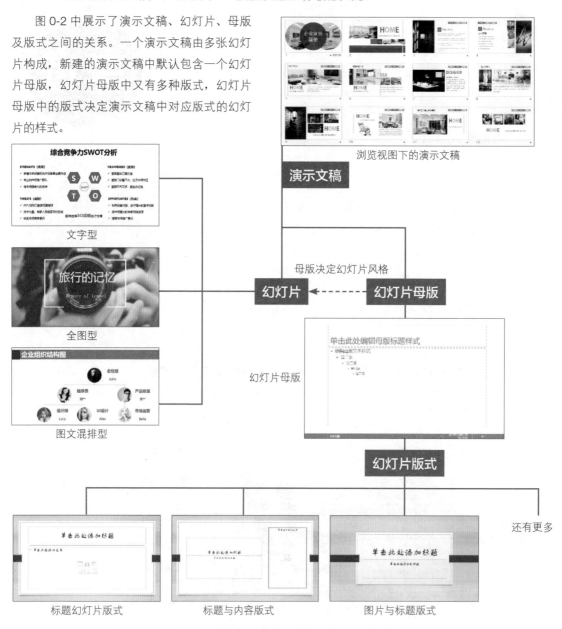

图 0-2  演示文稿、幻灯片、母版及版式之间的关系

# 第 1 章

## 理解演示文稿

## 和信息视图化

　　首先，感谢您能够翻阅本书，但在真正阅读本书之前，请先问问自己，您理解演示文稿的本质了吗？知道什么是信息视图化吗？如果您非常清楚这两点，建议您跳过本章内容，从下一章开始阅读。但如果您认为自己并不了解这两方面的知识，那么请花上一点时间阅读本章内容，并按照其中叙述的要点去检视自己之前做过的演示文稿。好了，接下来，就请随我们一同正式进入演示文稿设计的世界吧！

# 如何让您的演示文稿引人入胜

一味地把自己想表达的内容堆砌到演示文稿中，并不一定能够让观众理解和接受。在制作演示文稿之前，首先要了解演示文稿的本质，这样才能真正地理解演示文稿的设计要点，从而制作出引人入胜的演示文稿。

## 1.1.1　演示文稿的本质

大家都知道 PowerPoint 是用来做演示文稿的，常用于演讲时的展示。但是很多人不能理解演示文稿的真实含义和用途，其实可以通过 PowerPoint 的字面来理解：Power 可以理解为强化或加强，Point 可以理解为观点或要点。也就是说我们在演讲的时候会有很多信息要传递给观众，那么如何抓住观众的心，让观众能够跟上演讲者的思维呢？那得依靠演示文稿，但这不是简单地把演讲稿一字不差地复制到演示文稿上面去展示给观众，而是需要用演示文稿来强化你的观点，强化你演讲的要点。因此，演示文稿的设计与制作就需要围绕这个中心展开，时时刻刻自问——我的这张幻灯片是不是要点？包含了什么要点？如何强化要点？

## 1.1.2　为什么要信息视图化

在演讲的时候，我们需要给观众传递各种各样的信息，包括各种数据，以及各种文本类信息（我们也可将其称为某种概念）。试想，如果我们直接将这些信息以简单的文字或图片形式呈现在观众眼前，是否太过乏味了呢？是否能让观众抓住重点从而产生浓厚的兴趣和强烈的共鸣呢？

但如果我们将这些信息进行视图化处理，以信息视图的方式呈现在观众眼前，是不是更能提高他们的阅读兴趣，让他们更容易消化与理解，同时也更加能够强化我们的观点呢？

演示文稿信息视图化是不是就是将演示文稿设计成花花绿绿的，用很多图片或图形进行装饰呢？所谓好的演示文稿是不是只有专业的美工才能做出来呢？答案当然不是了。虽然图片和图形等元素是制作演示文稿的必要元素，但是它们的存在不是为了装饰演示文稿，而是为了"Power Your Point"。所以在这里有必要简单讲一下信息视图化的要点，只有理解了信息视图化才能真正地明白演示文稿中各种元素的价值、关系和存在的必要性。

怎么样，这样的视图是不是比纯文字更有趣和直观呢？

通过图 1-1 可以看出，信息视图化不是简单地使用图片或图形来表达信息，而是利用图片、图形或其他元素将信息进行提炼、重组，再生动形象地展示给观众。

当然您可能会产生这样一种疑问：相较于直观的数据和文本，为什么信息视图更容易被人们接受？要弄清其中的奥秘，首先就需要真正认识自己的大脑。

在我们的大脑中约有 30% 的灰白质是由与视觉相关的神经元所组成的，因此，大脑对与视觉有关的工作的处理能力极强。

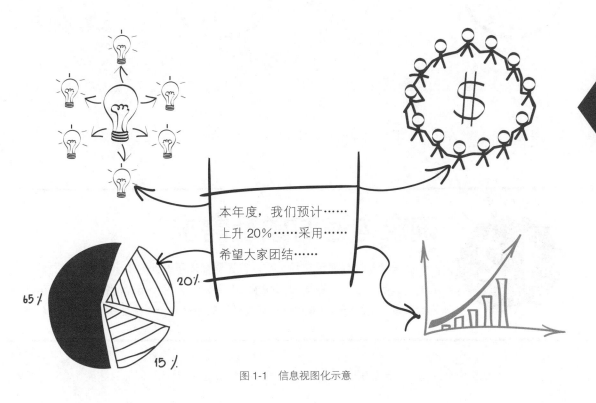

图 1-1　信息视图化示意

下面举个例子：

当我们浏览"1 点钟开始做仰卧起坐，2 点钟开始游泳"这样一段文字的时候，我们的大脑会进行一系列的解码活动，而后将文字内容与记忆中的图像和感知等信息进行对比匹配，进而获取信息，我们可将这一过程看成一种循序处理流程。

当我们看到图 1-2 的时候，是不是就可以一目了然地把时间、运动内容吸收到我们的大脑中呢？是不是感觉比看文字的理解速度快很多？

图 1-2　流程化信息视图展示

这是为什么呢？因为当我们在看信息视图时，大脑会对图像进行同步处理，进而简化信息接收过程。

综上所述，我们的大脑处理信息视图比处理文字信息（包括数据与文本）更加简单、快速。

# 1.2 确定沟通对象及需求

在设计与制作演示文稿之前，首先要知道所设计的演示文稿究竟是给谁看的，以及这些人有哪些资讯需求。如果对以上两个问题的答案界定不清，那么所设计出的演示文稿的有效信息传递效率可能会大幅度降低。

在设计演示文稿之前首先一定要确定沟通对象。一般来说，沟通的对象可以分为如图 1-3 所示的几类。

图 1-3　沟通对象的分类

　　确认沟通对象以后，便需要对不同类型的沟通对象的资讯需求逐一进行分析，以便于确定演示文稿中究竟要添加哪些信息。

这类沟通对象一般对产品或服务的特性与定价、客服流程及富有创意的企业概念等资讯具有浓厚兴趣。

这类沟通对象通常对企业历史、产品或服务的特性与定价、商业和服务模式及与同行业竞争对手相比的优势等资讯具有浓厚兴趣。

这类沟通对象一般对企业的文化与组织架构、商业模式，以及企业的历史和价值观等方面的资讯具有浓厚兴趣。

这类沟通对象通常对企业的商业模式、作业流程、培训规划、组织结构及工资福利等资讯具有浓厚兴趣。

员工

合作伙伴

这类沟通对象往往对企业产品或服务的供应链和配送服务等资讯具有浓厚兴趣。

这类沟通对象往往对企业的目标实现情况和生产状况等资讯具有浓厚兴趣。

管理层

媒体

这类沟通对象通常对产业研究成果、企业的创意概念及组织结构等资讯具有浓厚兴趣。

# 1.3 演示文稿中信息视图的基本类型

　　设计演示文稿之前，脑海里往往会闪现出各种各样的设计效果，但您有没有试着对这些设计进行归纳与概括呢？接下来，我们便会逐一归纳出生活与工作中较为常见的视图类型（见图1-4），也希望您能从中获取更加清晰的信息视图化设计思路。这个地方我们非常建议读者进行自我归纳和总结，因为演示文稿的设计过程也是一个对演讲内容进行逻辑思维提炼的过程。

营业额分析、市
场调查等项目

制造、供应链、
服务等流程

理论、概念等
抽象信息

统计类视图

流程类视图

想法类视图

信息视图
的基本类型

特质类视图

关系类视图

产品特质、品牌
文化等信息

顾客与企业、内
部环境与外部环
境等的关系

阶层类视图

年表类视图

组织结构、等级
评估等信息

解析类视图

发展史、进程、
时间轴等

成 分、材 质 等
数据信息

图 1-4　信息视图的基本类型

# 如果您不具备任何设计技能

**1.4**

如果您是对演示文稿设计和信息视图化十分感兴趣的新手，但对各种图像处理软件并不熟悉，除了利用 PowerPoint 软件完成设计和信息视图化的工作以外，您还可以考虑使用网页版或单机版的应用程序来制作信息视图。下面介绍几款较为实用的在线程序（免费）。

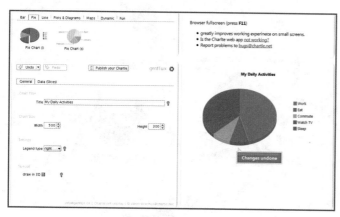

图 1-5　Chartle 网站页面

## http://www.chartle.net

Chartle 是一款走简单路线的在线图表制作工具，不需要注册即可使用。用户无须掌握专业知识，只需要选择图表类型，再设置相应的数据，便可生成各式各样的图表，还可储存、发布及嵌入制作出来的图表，如图 1-5 所示。

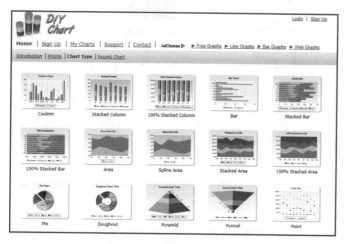

图 1-6　DIY Chart 网站页面

## http://www.diychart.com

DIY Chart 是一款简单而高效的在线设计工具，可制作出各种类型的图表，包括饼图、金字塔结构图、点状图、气泡图及柱形图等，如图 1-6 所示。

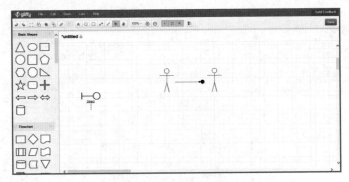

图 1-7　Gliffy 网站页面

http://www.gliffy.com

Gliffy 是一款可用于建立流程图、网路图、组织图及文氏图等视图的在线设计工具，在操作上也比较流畅，如图 1-7 所示。

第1章

# 设计的灵感
## 与创意的思维

在了解了演示文稿设计的信息视图化的基本概念后，相信您对演示文稿的设计热情已经空前高涨且跃跃欲试。但在真正着手设计之前，我们想先与您一同探讨设计中的灵感与创意。设计的灵感从何而来？设计中究竟又隐藏着哪些创意思维？我们将在本章逐一为您解密，并希望在阅读本章后，您的设计思维能够得到升华，更加开阔。

# 2.1 设计的灵感从何而来

设计的灵感可以从生活中来，设计的灵感可以从他人的作品中获取，设计的灵感也可以来源于天马行空的一瞬间……

好的设计必须依靠好的创意，但是好的创意从何而来呢？其实创意的根本来源是经验的积累和灵感的记录，考虑到很多读者并不是专业的设计师，并没有积累太多经验，那么就要学习如何获取灵感。灵感往往就来自一瞬间，所以善于去寻找灵感、抓住灵感并且通过思考把灵感演变为创意是非常重要的。

这里我们就花少量篇幅抛砖引玉式地谈谈获取灵感的几种途径。

抓住灵感　　　　　　　　　提取创意　　　　　　　　　收获佳作

## 2.1.1　从生活中获取灵感

传说中，一位名叫鲁班的发明家根据两边长着锋利齿状的小草发明了第一根锯条。直到今天全世界木工仍在沿用着鲁班的这个发明成果。

这个故事告诉我们，自古以来，自然界就是人类取之不尽的灵感源泉。只要我们用心观察与思考，就能像鲁班一样从生活中获取创造的灵感。

日常生活中，一些常常被我们忽略的事物往往会成为设计的灵感来源。如图 2-1 所示，我们通过观察一棵树，将树木的形态结构拷贝下来，再根据生活经验，描绘出隐藏在泥土下的根部结构，然后就可以把这个结构形式应用到描述影响企业发展因素的信息视图中。

图 2-1　从树到信息视图的演变

## 2.1.2 从他人的作品中获取灵感

如图 2-2 所示，信息视图截自某图书搜索引擎。在这个图书搜索引擎上搜索想要的图书时，搜索结果便会排列成检索词的首字母。

图 2-2 图书搜索引擎信息视图

该视图的创意核心主要表现在文字与图形的混合编排——将图形元素拼凑为文字形态，既通过文字体现出了要表达的内容，也让观众能够直观看出所表达内容的组成就是其中的图形元素——书。

接下来，我们试着将前面获取的创意理念，化作自身的设计灵感，并运用在其他视图化作品的创作中……

假设，我们需要将以上灵感运用在某个以"Christmas gift"（圣诞礼物）为核心的视图设计中，从关键信息"Christmas gift"中提取出关键字母"g"，选择多种与圣诞礼物相关的图形元素，拼凑出字母"g"，如图 2-3 所示。

图 2-3 设计灵感的应用

由于本词组相对较长，因此不适合全部替换为图形效果，但这种单字母的图形化设计，不仅融入了上述图书搜索引擎的创意灵魂，更是取得了一种画龙点睛的效果。

## 2.1.3  从天马行空的一瞬间获取灵感

天马行空的灵感总是在一瞬间就出现又很快消失，想要抓住这些灵感，就应该养成良好的记录习惯，用随身携带的笔和纸或手机随时进行记录。如果是逻辑思维性的灵感，建议大家在手机中安装一个思维导图软件，用于记录和整理自己平时的思维灵感。如果是图形方面的灵感，还是建议自己用笔在纸上画下来，如图 2-4 所示就是一个灵感记录和再现的过程。

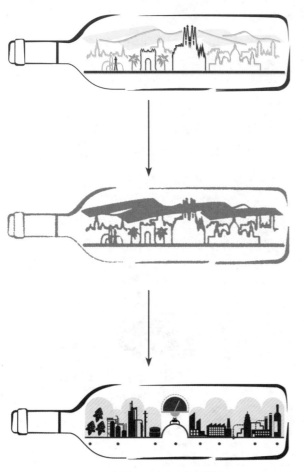

在某日中午的酣睡之后，我不禁回味起那睡梦中绚丽的世界，在梦里，我们所在的世界不再是那一颗水蓝色的星球，而是在一个透明的玻璃瓶中……

为了避免忘记这天马行空的世界，我草草地将它记录了下来。

很久之后的某一天，在设计某幅视图化作品时，我突然想起了那个梦境，并从中抓住了一丝灵感，于是我迅速找到了当时绘制的草稿……

图 2-4  红酒工厂生产流程示意图

# 演示文稿中信息视图化的创意思维

## 2.2

伟大的创意往往是灵感的闪现，但是，实际的演示文稿设计不可能一味地等待灵感的出现，而是需要借助一定的思维方式去产生创意。下面就来介绍一些产生设计创意的常用思维模式。

### 2.2.1 "借代"的手法

在信息视图化的设计中，借代是一种最为常见，也是最为基础的创意手法，其本质就是用一种事物代替另一种事物。这里讲到的"借代"，主要是指将文字信息或数据信息替换成可视化的图形元素，如图 2-5 所示。

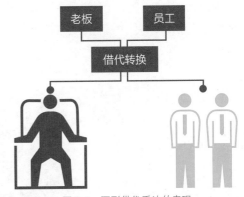

图 2-5　图形借代手法的表现

### 2.2.2 "隐喻"的技巧

隐喻，又可称为暗喻，简单来说，就是用一种事物暗示另一种事物。但在信息视图的设计中，隐喻是指用某种事物来暗示出一种关系或理念。除此之外，隐喻的运用还必须是建立在大众认知的基础之上的。

在我们的印象当中，规整的三角体——金字塔结构，代表着一种层级关系，特别是金字塔的顶端，更是一种权力与地位的象征，如图 2-6 所示。

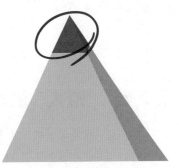

图 2-6　金字塔的隐喻

接下来，我们试着将前面通过借代手法所获取的图形元素，按照金字塔的结构进行编排，这样一来，便可借用金字塔结构的寓意，表现出老板与员工间的关系，如图 2-7 所示。

图 2-7 老板与员工的关系示意图

## 2.2.3 "夸张"的对比

在一定事实基础上，通过特殊的设计手段，对事物元素的形象和特征等方面进行夸大或缩小的处理，这便是夸张式的创意方式。

一般来说，夸张的塑造往往是建立在对比之上的，当然，这也不是绝对的。图 2-8 利用了身材比例夸张的人物图形与柱形图大小的对比，创意性地展示了 Y 公司在全国八个城市的销量情况。

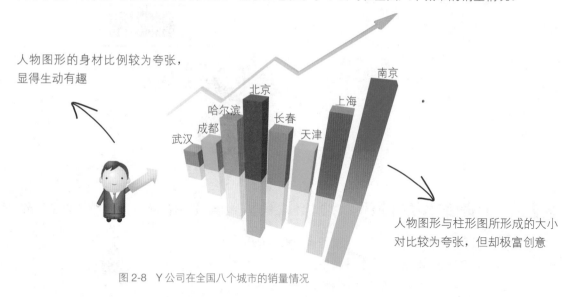

人物图形的身材比例较为夸张，显得生动有趣

人物图形与柱形图所形成的大小对比较为夸张，但却极富创意

图 2-8 Y 公司在全国八个城市的销量情况

## 2.2.4 "拟人"的途径

拟人是一种文学上常用的修辞手法，如果我们将它应用到演示文稿的设计中，就能让原本枯燥的文本或数据具备生动的人格化特征。拟人的途径有许多种，接下来将介绍两种相对常见的途径，希望能为您今后的设计提供一定的参考！

### 途径一：添加对话框

添加对话框是视图化设计中最简单也最常用的一种拟人化设计途径，如图2-9所示。

图 2-9　员工对企业的期望与需求

### 途径二：添加拟人化的表情或肢体元素

添加拟人化的表情或肢体元素能让图表变得更加生动有趣，而这也是拟人化设计的途径之一，如图2-10所示。

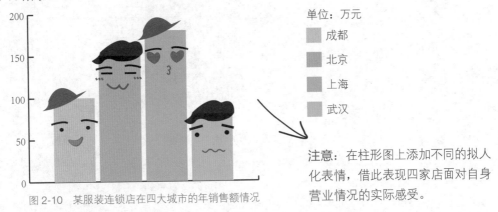

图 2-10　某服装连锁店在四大城市的年销售额情况

**注意：** 在柱形图上添加不同的拟人化表情，借此表现四家店面对自身营业情况的实际感受。

任何设计都不能只谈理论没有实践，因此阅读完前两章后，就要进入实际的设计训练中。在后面的章节中，我们将一方面强化对 PowerPoint 软件重要功能的使用，一方面将设计的思维和设计工具融会贯通，然后结合实际的案例完成演示文稿的设计。由于本书不是一本软件功能教学书，所以对 PowerPoint 软件功能没有进行详细讲解，如果读者朋友在学习的过程中遇到一些软件的操作问题，建议购买机械工业出版社出版的《PPT 幻灯片制作应用与技巧大全》，该书对软件功能和使用技巧讲解得比较全面，还有配套视频便于初学者学习，也可作为日常工作中的查询手册来使用。

# 第 3 章

# 文字与符号，
## 演示文稿的表述基础

　　任何精美的演示文稿都离不开文字，但文字的有效运用也是演示文稿设计中的一大难题。如何使用简练的文字来准确表达演讲者的意图呢？除了需要对文字内容进行提炼，字体、字号和颜色的应用也非常讲究。其中对于符号的运用，打破常规思维，也许会有意想不到的效果呢！

# 返璞归真的艺术——文字的设计

图表、图形在现代商务演示文稿中的地位似乎越来越重要，甚至有人称演示已跨入一个读图的时代，但无论图片多么精美，文字永远是演示文稿的表述基础。

如果您对演示文稿的认识还停留在将 Word 文档里的大段文字复制到幻灯片中，那只能遗憾地说您的确不懂演示文稿。如果演示文稿仅仅是将 Word 文档搬上投影仪，那它还有存在的必要吗？演示文稿的确离不开文字，但优秀的演示文稿中的文字是需要反复提炼、精简的，文字的字体、字号和颜色也都是需要进行精心设计的。

演示文稿中文字内容的基本要求如下：

★ 可读性要高；

★ 位置必须符合整体要求；

★ 在视觉上应给人以美感；

★ 在设计上要富于创造性。

## 3.1.1　文字在精不在多——内容的提炼

一份看似精美的演示文稿却让人不知所云，也就失去了它存在的价值。在演示文稿的设计中，永远是内容大于形式的。但演示文稿中的内容不需要辞藻华丽，不需要长篇大论，需要的是一语中的、直指目标、短小精悍。

也就是说，演示文稿中的文字内容不同于 Word 文档或其他文本类型的文档，更不能直接将文本文件中的内容剪切、粘贴到演示文稿中。演示文稿中的文字需要设计，但并不是为了设计而设计，文字设计的根本目的是为了更有效地传达演讲者的意图，表达设计的主题和构想。

演示文稿中的文字应避免繁、杂、零、乱。近年来，在演示文稿设计圈内流行一句话"文字是用来瞟的，不是用来读的"，也充分反映了演示文稿中的文字需要浓缩、提炼和放大。如果您的文字在幻灯片中"瞟"不清楚，那么也许内容还应该再精简一些，字体还应该更大一些！

如图 3-1 所示，这样的一张幻灯片，如果您是观众，能知道它在讲什么吗？"瞟"上一眼，第一感觉可能是要介绍一下手机，但看了文字后，才发现它想讲的主要内容是手机的定位功能。过多的文字内容难以直观呈现要表达的重点。

图 3-1　直接复制到幻灯片中的文本

图 3-1 幻灯片中的文字内容太需要精简和提炼了，试着不讲解定位的具体距离，只用一个词说明该手机的定位功能，即"精确"，然后加上一句话来进一步说明该功能的好处，如图 3-2 所示。这样，是不是比图 3-1 的可读性强了一些呢？

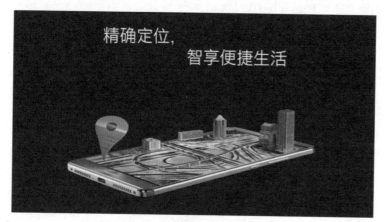

图 3-2　文字内容精简的幻灯片

将幻灯片设置为宽屏模式

在"设计"选项卡下单击"自定义"组中的"幻灯片大小"按钮，在展开的列表中单击"自定义大小"选项，打开"幻灯片大小"对话框，在"幻灯片大小"列表中选择"全屏显示（16:9）"，如下图所示。

将内容显示为多栏

如果幻灯片中输入的内容无法精简，可为其设置分栏效果，从而达到视觉效果上的精简和提炼。

在"开始"选项卡下单击"段落"组中的"添加或删除栏"按钮，如下图所示，在展开的列表中选择需要的栏数。

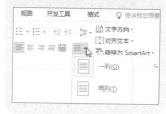

## 3.1.2 增强可读性——字体、字号、颜色设置

能被观众读懂是演示文稿设计最直接的目的，无论是标题还是正文，其字体和字号都是设计的关键之一。在设计字体和字号时，保证可读性是最基本的原则，在保证可读性的基础上还需要增加视觉美感。

想让标题文字突出、醒目，可使用无衬线字体，而在字号的选择上，则应使用较大字号。如图 3-3 所示，使用无衬线字体“微软雅黑”和“72”磅的大字号，可以清晰地传递本幻灯片的主要内容。

目录
CONTENTS
1/ 课题综述
2/ 目前现状
3/ 研究目标
4/ 研究过程
5/ 研究结论
6/ 参考文献


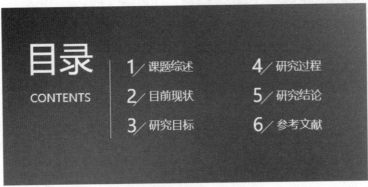

图 3-3　标题使用的无衬线字体

正文的设计应以可读性高、缓解视觉疲劳为基准，因此可选择衬线字体，图 3-4 所示的幻灯片正文即使用了衬线字体“华文中宋”。

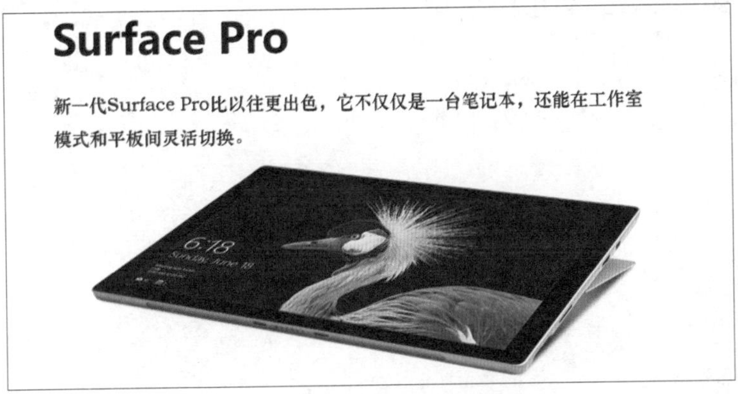

Surface Pro
新一代Surface Pro比以往更出色，它不仅仅是一台笔记本，还能在工作室模式和平板间灵活切换。
6:18


图 3-4　正文内容使用的衬线字体

**什么是无衬线字体**

无衬线字体是指在笔画开始及结束的地方没有额外的装饰，笔画的粗细大致相同的字体。该种字体的特点是比较醒目，但容易造成字母辨认的困扰，常会出现来回重读及上下行错乱的情形，因此常被应用于标题或表格内需要突出的地方。常见的中文无衬线字体有“黑体”和“幼圆”等。

**什么是衬线字体**

衬线字体是指在字的笔画开始及结束的地方有额外的装饰，且笔画的粗细会因横竖的不同而有所不同的字体。因为衬线字体强调笔画的开始及结束，因此比较易于前后连续地辨识，可读性比较高，常用于文字较多的段落中。常见的中文衬线字体有“宋体”和“华文中宋”等。

如图 3-5 所示，想要突出文本"我就是认真"，则可增大其字号并加粗，从而使观众能够知道演讲者想要重点突出的内容。

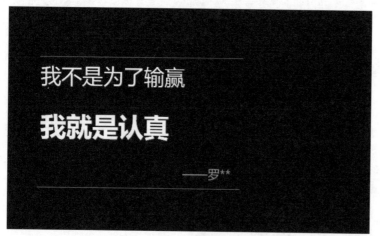

图 3-5　通过加粗、增大文字来突出重点

除了通过增大字号和加粗文字的方法来突出关键的信息以外，还可以通过设置字体颜色，使之更加醒目，加深观众的印象。例如，在图 3-6 中，在浅色背景、黑色文字的幻灯片中将关键数据设置为更加醒目的红色字体。

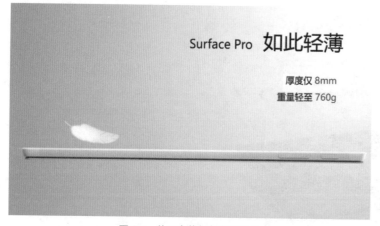

图 3-6　使用字体颜色突出重点

如图 3-7 所示，该幻灯片中使用了不同颜色的文本作为标题，这样的组合与对比，再配上一些恰到好处的图片和形状，可将"低碳"深深地印入观众的内心。

图 3-7　颜色对比突出标题

📖 使用取色器取色

　　若要为文本快速应用幻灯片中的颜色，可在"开始"选项卡下单击"字体"组中的"字体颜色"下三角按钮，在展开的列表中单击"取色器"，如下图所示，单击要使用的颜色。

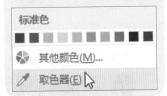

### 3.1.3　富于创造性——文字的对比和组合设计

除了通过设置字体格式来增加演示文稿的美观性，还可以发挥您的想象力和创造力，对幻灯片中的文本进行对比和组合设计，从而突出重点内容，牢牢抓住观众的眼球。

如图 3-8 所示，"经典"文本最为突出，其在幻灯片中字号最大，并应用了具有强调作用的加粗效果和下画线。次要文本"黑与白"被添加了倾斜的字形效果，使其相比于"经典"文本更加低调。英文文本"CLASSIC"和"BLACK AND WHITE"仿佛就是背景自带的，实际上是添加的文本框。

📖 设置文字的阴影效果

　　选中要设置阴影的文字，在"绘图工具 - 格式"选项卡下单击"艺术字样式"组中的"文本效果"按钮，如下图所示，在展开的列表中单击"阴影"选项，从展开的级联列表中选择合适的阴影样式或自己设置阴影效果。

图 3-8　文字对比和组合设计效果

# 3.2 简单点缀——标点符号的小花样

在文字内容较少的演示文稿里，几乎不怎么用到标点符号。但如果想要点缀或突出演示文稿的内容，使用标点符号是一种不错的选择。

如图 3-9 所示，幻灯片中的文字在句末使用了感叹号，该符号表示惊讶和感叹，能够表达出强烈的感情。

图 3-9　使用感叹号表达强烈的感情

如图 3-10 所示，幻灯片中使用了连续的大于号，该符号很像一个箭头，起到了指示作用。

图 3-10　使用连续的大于号形成视觉方向上的指引

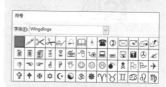

如图 3-11 所示，该幻灯片为了突出内容"兔子"，添加了括号，起到了强调作用。

图 3-11　使用括号突出主要内容

除了括号，使用其他符号也可以起到类似的强调作用，如图 3-12 所示的幻灯片中即使用引号突出了"虐"。

图 3-12　使用引号也能够起到强调作用

📖 旋转标点符号

　　在演示文稿中，标点符号是借助文本框或形状来输入的，当需要将标点符号作为一种装饰使用时，可以将文本框或形状设置为无填充和无轮廓格式，再根据需要旋转文本框或形状。

📖 单独增大标点符号或部分文本

　　如果只想要增大文本框中的标点符号或某部分文本内容，则可选中该标点符号或这部分文本内容，然后在"开始"选项卡下的"字体"组中更改字体大小。

第
3
章

如图 3-13 所示，幻灯片中使用了省略号，该符号表示语意的含蓄，未尽的内容可以让观众自己去想象。

图 3-13　使用省略号让观众自行想象

# 条理化文段——项目符号的应用

## 3.3

　　排版的过程总是令人头痛的，特别是在演示文稿中，而项目符号可以让大段文字的层次结构更清晰，变得井井有条，让观众的思路不至于被太多的内容扰乱。此外，项目符号还可以发挥一定的装饰作用，让演示文稿变得更有创意和个性。

　　如果您的演示文稿中不可避免地出现了大段的文字，一般可使用不同的字号来区分主次关系，或者为段落设置恰当的行距。此外，您还可以为段落添加上不同格式的项目符号，从而让观众能更明确段落间的层次关系，如图 3-14 所示。

□ **笔记本模式**：打开一体式支架，连接上可拆卸的Surface Pro特制版专业键盘盖。

□ **工作室模式**：新一代的铰链设计使支架有更深的打开角度，将Surface Pro推成工作室模式。

□ **平板模式**：合上支架，卸下或反向合上Surface Pro特制版专业键盘盖。

图 3-14　为段落插入项目符号

如果您觉得 PowerPoint 内置的项目符号过于单调，想要获得更加丰富的项目符号，可以将计算机中的图标或图片，甚至企业的徽标作为项目符号。

如图 3-15 所示，使用了设计精美的图片作为项目符号，让幻灯片看起来更活跃、美观，并契合当前介绍的主要内容。

# 产品参数

| | | |
|---|---|---|
| 产品型号 | 金属防水手机U盘DL06 |
| 容量 | 32G |
| 接口规格 | USB 2.0 |
| 系统兼容性 | 安卓设备需要支持OTG功能 |
| U盘尺寸 | 52mm（长） 18mm（宽） 8mm（高） |

图 3-15　插入图片作为项目符号的效果

📖 **插入项目符号**

在"段落"组中单击"项目符号"右侧的下三角按钮，如下图所示，在展开的列表中选择合适的样式。

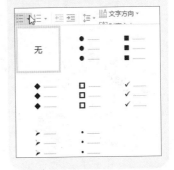

📖 **插入图片作为项目符号**

在上图展开的列表中单击"项目符号和编号"选项，打开"项目符号和编号"对话框，单击"图片"按钮，如下图所示。在"插入图片"对话框中插入计算机中的图片或自行搜索图片。插入完成后，在"项目符号和编号"对话框中对项目符号的大小进行调整即可。

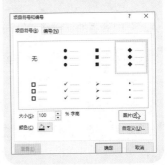

第3章

除了插入图片作为项目符号外，还可以插入自定义的项目符号来明确层次关系。

如图 3-16 所示，幻灯片中的文本添加了自定义的项目符号，观众能够更清晰地查看各行的内容。

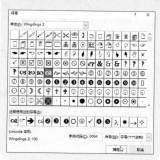

图 3-16　为段落插入自定义的项目符号

# 3.4 文字的自由放置——活用文本框

在新建幻灯片的时候，幻灯片中会自动显示诸如"单击此处添加标题"之类的文本，这类元素称为占位符。用户可以直接在占位符中输入内容，也可以在幻灯片中创建文本框并输入文本。幻灯片中的文本框相当于文字的容器，正是因为有了这个容器，我们才能够在幻灯片中自由地放置文字。

有的读者朋友会将占位符和文本框混淆，其实它们是两个完全不同的元素，主要有以下几种区别：

★ 占位符在新建幻灯片时一般会自动显示，而文本框是用户自行创建的；

★ 占位符会显示提示文字，而文本框不会；

★ 占位符可以在母版视图下统一设置格式，而文本框不能；

★ 占位符中的内容可以显示在大纲视图中，而文本框中的内容无法显示在大纲视图中。

文本框只有横排和竖排两种样式，但文本框中文字的方向却有多种，且文本框的方向并不是固定不变的，用户可随意更改文本框的角度。如图 3-17 所示，该幻灯片中即利用了文本框灵活多变的特性展示了文本内容。

图 3-17　灵活多变的文本框

除了更改文本框的角度和文字的方向，还可为文本框设置合适的形状样式，使幻灯片的展示更加活泼和生动。如图 3-18 所示，该幻灯片展示了应用多种文本框形状样式的效果。

图 3-18　颜色丰富的文本框

设置文本框中文字的方向

在"开始"选项卡下单击"段落"组中的"文字方向"按钮，如下图所示，在展开的列表中选择合适的方向选项。

设置文本框的形状样式

在"绘图工具 - 格式"选项卡下单击"形状样式"组中的快翻按钮，在展开的列表中选择样式，如下图所示。

第3章

# 3.5 文本艺术效果——艺术字的使用

艺术字是对常规字体进行艺术加工后形成的变形字体，其通常具有美观有趣、醒目张扬等特性。艺术字广泛应用于商标、企业名称、商品包装等多种设计中，自然也包括各种场合的演示文稿。

在演示文稿中，艺术字经常被用来作为标题或强调文字，深受广大用户的喜爱。下面让我们来看一下演示文稿中艺术字与众不同的特点：

★ 色彩纷呈，选择颜色的自由度大；

★ 美观、醒目，随时都能吸引观众的眼球；

★ 可以设置为有超强立体感的效果。

如图 3-19 所示，该幻灯片中将想要突出的文字更改为了艺术字，并放大了该艺术字的字号，既美观又醒目，并且和背景图片的颜色也较为统一协调。

图 3-19 使用艺术字的幻灯片效果

📖 **在幻灯片中插入艺术字**

在"插入"选项卡下单击"文本"组中的"艺术字"按钮，如下图所示，在展开的列表中选择一种合适的艺术字样式。最后在幻灯片中插入的艺术字占位符中输入所需的文字即可。

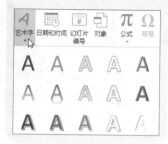

系统内置的艺术字样式也许难以让您满意，实际上，您完全可以让您的艺术字更具有艺术效果，而且只需要简单的操作就能够实现。

如图 3-20 所示，为幻灯片中的艺术字设置了三维旋转效果，并且将文字"本"设置成与两边文字不一样的填充效果，突出了主要内容，做到了真正的美观、醒目且与演示主题相呼应。

图 3-20　三维旋转艺术字效果

### 设置更艺术的发光效果

选择要设置文本效果的艺术字，单击"艺术字样式"组中的"文本效果"按钮，在展开的列表中选择"发光"选项，然后在级联列表中选择合适的发光效果，如右图所示。在该列表中，还可以为文本设置棱台和三维旋转效果。

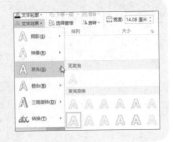

# 第 4 章

# 图片，
# 增强演示文稿信息的传递

　　演示文稿的设计强调"视觉化"效果，图片是迅速呈现视觉化效果的重要元素，也是演示文稿的重要组成部分。"一张好的图片，胜过千言万语"，这句话道出了图片在演示文稿设计中的重要性！如果把演示文稿看成是一篇文章，那么图片就是所有的修饰词语。试想一下，如果文章不用任何修饰词语，会是何等的枯燥无味！

# 美丽陪衬——好的背景图片怎么来

**4.1**

好的背景图片可以提高演示文稿的质量，但选择背景图片时不能只考虑美观性，还需要考虑图片的风格是否符合当前幻灯片的主题，图片的颜色和亮度是否合适，图片是否会影响幻灯片中内容的可读性，等等。总之，为演示文稿设置背景图片是为了更好地衬托内容，所以切忌喧宾夺主。

## 4.1.1 结合主题——根据演示文稿的类型选择背景图片

到底该如何为演示文稿选择背景图片呢？如果就这样来讨论的话，很难得到一个标准答案，因为演示文稿的应用领域很宽广，不同类型的演示文稿有不同的主题风格，不同的主题风格在选择背景图片上的要求自然不同。例如，工作汇报和会议纪要类演示文稿要使用风格比较正式、严肃的背景图片；形象推广和商业策划类演示文稿则更钟情于色调较浅、淡雅的背景图片；商务产品展示类演示文稿则可以选择简洁一些的背景图片；而学术研究或课件类演示文稿则要选择有学术气氛的背景图片。当然，背景图片也并不一定要根据上述标准来设置，必须结合演示文稿的主题和要求来确定。

如图 4-1 所示，幻灯片中插入了一张包含钱袋、钥匙及货币符号的背景图片，与当前的文本内容"金融财务"相契合。

第4章

图 4-1 金融财务演示文稿背景

**为幻灯片添加背景**

右击要添加背景的幻灯片，从弹出的快捷菜单中单击"设置背景格式"命令。打开"设置背景格式"窗格，单击"填充"选项组下的"图片或纹理填充"单选按钮，单击"文件"按钮，如下图所示，选择适合的图片即可。

某些情况下，直接在图片上添加文本也许不能很好地突出内容。如图 4-2 所示，这是一份"商务汇报"演示文稿的标题页，使用了一张与工作相关的计算机图片作为背景，该图片能够与"商务汇报"相契合。但是为了使标题"商务汇报"更加醒目，将背景图片向上和向下偏移了 -20% 和 20%，留出了用于添加标题的空白区域，这样比直接在图片上添加标题内容的可读性更高！

📖 设置背景图片的偏移量

当添加好背景图片后，如果希望在幻灯片的左侧、右侧、顶部或底部留出一定的空白区域，可以通过设置图片的偏移量来实现。

打开"设置背景格式"窗格，插入图片后，可以分别设置左、右、上、下的偏移量，这里设置"向上偏移"和"向下偏移"分别为"-20%"和"20%"，如下图所示。

图 4-2　商务汇报演示文稿背景

如图 4-3 所示，使用了一组奔跑画面作为幻灯片的背景，与主题文字"努力拼搏，争取第一！"相呼应。这样可以让观众迅速抓住该幻灯片所要表达的内容，极好地传达了演示的意图。

📖 将背景保存为图片

在欣赏别人制作的演示文稿时，如果非常喜欢其中的背景，也可以将背景图片保存到计算机中备用。

右击幻灯片背景，在弹出的快捷菜单中单击"保存背景"命令，如下图所示。

图 4-3　契合主题的背景

如图 4-4 所示，使用了一张只有沙发的图片作为幻灯片的背景，与主题文字"简约生活"相呼应。

图 4-4　与主题相呼应的背景

如图 4-5 所示，为了契合主题内容"美丽的家"，应用了一张室内装修图片作为幻灯片的背景，既清新好看，又与主题内容契合。

图 4-5　与内容契合的背景

## 4.1.2　清晰是基本原则——背景图片的分辨率和尺寸

图片的清晰程度取决于图片的分辨率，因此，为了让演示文稿中的图片足够清晰，在选择背景图片时，应该选择高分辨率的图片。

### 📖 为所有幻灯片应用一样的背景图片

右击幻灯片中的背景图片，在弹出的快捷菜单中单击"设置背景格式"命令。打开"设置背景格式"窗格，在窗格的底部单击"应用到全部"按钮，如下图所示。

### 📖 将图片平铺为纹理

如果插入的背景图片较小，在幻灯片中显示的背景效果将会不理想，此时可以在"设置背景格式"窗格中勾选"将图片平铺为纹理"复选框，如下图所示。让幻灯片中插入的背景图片按原大小纵横排列来铺满整个幻灯片页面。

第 4 章

如图 4-6 所示，中间的小图片是插入到幻灯片中的原始图片，显示比例为 100% 时较为清晰，但作为背景图片，尺寸被放大后，图片就变得模糊了。所以，不能仅仅因为图片好看或契合当前内容就随便使用，还需要注意图片的分辨率和尺寸。

📖 查看图片的分辨率

分辨率是和图像相关的一个重要概念，它是衡量图像细节表现力的技术参数，通常以每英寸的像素数来衡量。图像分辨率和图像尺寸一起决定着文件的大小及输出效果。如果使用分辨率比较小的图片作为背景，放大图片后，图像会比较模糊。在 Photoshop 等专业的图片处理软件中可以查看图片的分辨率。

图 4-6　模糊的背景图片

## 4.1.3　创建朦胧背景——简单实用的透明度和遮罩效果

许多图片看上去非常漂亮，但若是直接用作演示文稿的背景却未必合适。当然，您也可以通过 Photoshop 等专业的图片处理软件将图片处理后再用作背景。但在 PowerPoint 中也可以使用一些简单的方法，如调整透明度或添加渐变的遮罩来创建朦胧的背景效果。

如图 4-7 所示，将图片插入幻灯片中用作背景，图片颜色过于明亮，分散了观众的视线，从而影响了观众对标题内容的关注度。

📖 快速删除背景

右击要删除背景的幻灯片，在弹出的快捷菜单中单击"设置背景格式"命令。打开"设置背景格式"窗格，在窗格的底部单击"重置背景"按钮，如下图所示，即可快速删除当前幻灯片中的背景图片。

The road is under my feet

路就在我们脚下

图 4-7　过于明亮的背景图片

如图 4-8 所示，对背景图片的透明度进行了调整，整个图片颜色变暗了一些，观众既可以享受背景图片所带来的愉悦，又可以清楚地知道演讲者在该幻灯片中所要表达的内容。

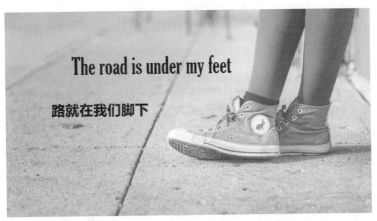

图 4-8　调整透明度后的背景图片

某些情况下，虽然通过调整图片的透明度可以让背景图片增添一些朦胧的感觉，但并未达到理想效果。若希望背景图片的颜色有一种渐变的效果，如由明逐渐变暗，或者由暗逐渐变明，以及明暗交替的效果，可为背景图片增加一个渐变遮罩，整个图片的渐变效果就出来了。如图 4-9 所示，设置了一个渐变遮罩后，该幻灯片看起来更有层次感，而且也强化了"路就在我们脚下"的主题。

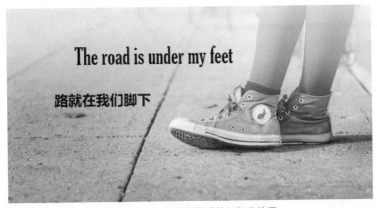

图 4-9　添加渐变遮罩后的幻灯片效果

📖 **设置图片的透明度**

在"设置背景格式"窗格中，可以直接拖动"透明度"滑块来调节，也可以在调节框中直接输入数值设置透明度的比例，此处设置值为"25%"，如下图所示。

📖 **手动添加渐变遮罩**

在幻灯片中绘制一个与页面大小相等的形状，如"矩形"，右击该矩形，在弹出的快捷菜单中单击"设置形状格式"命令，打开"设置形状格式"窗格，设置形状填充效果为"渐变填充"，选择"颜色"为"白色，背景1"，拖动"渐变光圈"中各个光圈的位置，再通过拖动"透明度"滑块来实现图片的渐变效果，如下图所示。

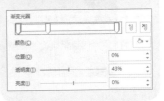

# 简单又专业——图片的美化

## 4.2

说到图片的处理和美化，许多人首先想到的就是 Photoshop。Photoshop 的功能的确很强大，但也较难学习和掌握。其实，PowerPoint 已经提供了不错的图片处理功能，让用户无须借助 Photoshop 等专业图片处理工具就能玩转图片。

常见的图片处理包括删除图片背景、更改图片亮度和对比度、更改图片颜色及设置图片艺术效果等。即使您不会 Photoshop 也没关系，在 PowerPoint 中同样可以处理图片，让它达到您需要的效果。

## 4.2.1　不再为难以去掉的背景而苦恼

演示文稿中图片的设计最重要的是使图片与主题背景融合。让演示文稿中的图片与主题背景"天衣无缝"地融合在一起，是许多演示文稿制作者追求的目标之一。无论是自己拍摄的还是从网络上下载的图片，大多都有背景。一般情况下，直接插入有背景的图片会使幻灯片显得平淡无奇，此时就可以利用 PowerPoint 软件删除图片背景。

如图 4-10 所示，直接在幻灯片中插入一张带背景颜色的手机图片，使得整张幻灯片效果极为不协调。简单的图片拼凑，不但没有使整个幻灯片看起来更生动、立体，更没有与当前的背景图片很好地结合起来。

图 4-10　在幻灯片中插入原始图片

> **在幻灯片中插入图片**
>
> 在"插入"选项卡下单击"图像"组中的"图片"按钮，如下图所示。在打开的"插入图片"对话框中选择要插入的图片，单击"插入"按钮将图片插入到幻灯片中即可。插入后，可以拖动图片四个角上的控点来调整图片大小。
>
>

图 4-11 所示为自动删除图片背景后的幻灯片效果，此时图片背景被完全删除掉了，但同时也将需要的图片内容删除了。

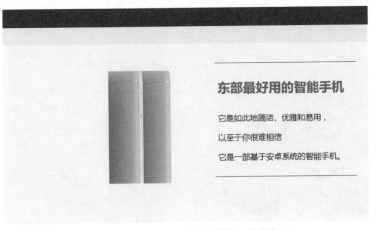

图 4-11 自动删除图片背景后的幻灯片效果

在图 4-11 中，使用自动删除图片背景的命令在删除背景的同时也将需要的部分删除了，这时就需要先手动标记出要删除的图片区域，再进行删除。删除整个背景后，图片内容与幻灯片背景看起来更协调，而且也表现出了它的立体效果，如图 4-12 所示。

图 4-12 手动删除图片背景后的幻灯片效果

📖 **自动删除图片背景**

对于前景和背景对比明显的图片，可以使用自动删除图片背景的功能来删除背景。

选中图片，在"图片工具 - 格式"选项卡下单击"调整"组中的"删除背景"按钮，此时系统会自动用洋红色标记出要删除的背景区域，如下图所示。

📖 **手动标记要删除的区域**

选中图片，单击"删除背景"按钮，在"背景消除"选项卡下单击"优化"组中的"标记要删除的区域"按钮，如下图所示。此时鼠标指针会变为笔状，单击标记出要删除的区域，标记完成后，单击"关闭"组中"保留更改"按钮。

第 4 章

## 4.2.2　一键调节亮度和对比度

亮度和对比度的调节是图片处理中常见的任务。不同的使用场合对于图片的亮度和对比度有不同的要求。在 PowerPoint 中，通过"更正"选项即可轻松调整图片的亮度和对比度。

图 4-13 所示的幻灯片中显示了同一张图片在不同亮度和对比度下的效果。在实际工作中，为了让插入的图片与幻灯片更加契合，可根据当前的幻灯片效果设置合适的亮度和对比度。

📖 调节亮度和对比度

　　在"图片工具 - 格式"选项卡下单击"调整"组中的"更正"按钮，如下图所示，在展开的列表中选择合适的亮度和对比度。

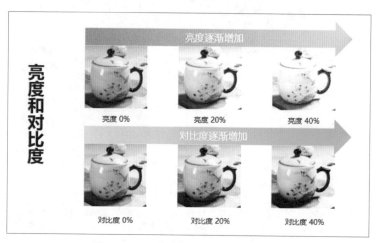

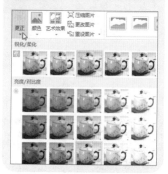

图 4-13　不同亮度和对比度下的图片效果

## 4.2.3　相同的瞬间，不同的颜色和效果

通过为图片应用不同的颜色和艺术特效，可以展现不同的图片效果。例如，常见的有将图片设置为灰度、黑白模式，或者将图片显示为纹理、影印效果等。

如图 4-14 所示，同一瞬间，不同的颜色效果。左上角的图片是拍摄的原始照片效果，该图片的颜色饱和，明亮度也很专业，在很多情况下都可直接使用。而右上角和左下角的图片则分别使用了"灰度"和"褐色"效果，这两种图片效果可以弱化颜色之间的对比，更单纯地展现图片所要表达的内容。当图片中的颜色非常多，导致图片看上去比较脏乱时，可以为图片设置这两种效果。在实际工作中，可根据需要选择其他合适的图片颜色。

图 4-14　不同颜色的图片效果

设置图片的颜色

　　在"图片工具 - 格式"选项卡下单击"调整"组中的"颜色"按钮，如下图所示，在展开的列表中可以选择需要的图片颜色，还可以更改图片颜色的饱和度和色调。

　　如图 4-15 所示，幻灯片中展现了同一图片的三种艺术效果。左侧为原始图片；中间的为"马赛克气泡"效果，展现出独特的艺术魅力和个性气质；右侧的为"粉笔素描"效果，其以单色线条来表现事物，可以表达思想、概念、态度、幻想、象征甚至抽象形式等多种情感，且具备一种自然的律动感。

第 4 章

设置图片的艺术效果

　　单击"调整"组中的"艺术效果"按钮，如下图所示，在展开的列表中选择需要的艺术效果。

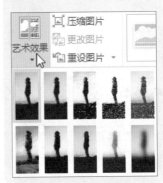

图 4-15　相同图片的不同艺术效果展示

## 4.2.4　精彩而生动的图片样式

PowerPoint 中的图片排版设计容易显得太"平"，特别是要在一张幻灯片上编排多张图片时。此时可通过设置图片样式让这些图片的排列显得美丽而精彩。

使用 PowerPoint 中的"图片样式"功能，可以为图片应用多种样式，通过更改图片的边框和方向等选项，在视觉上形成立体效果。如图 4-16 所示，左侧的图片使用了"圆形对角，白色"样式，中间的图片则使用了"旋转，白色"样式，这两种效果中添加的白色边框使图片呈现出了立体感；而右侧的图片则使用了"映像圆角矩形"样式，该效果样式如同景物在水面形成的倒影，远远看去连成一片，浑然一体。

📖 设置图片的样式

　　PowerPoint 中内置的图片样式非常丰富，并且支持即时查看功能，可以方便用户快速找到适合的图片样式。

　　选中要设置样式的图片，在"图片工具 - 格式"选项卡下单击"图片样式"组中的快翻按钮，在展开的列表中选择所需样式即可，如下图所示。

图 4-16　使用不同样式突出图片的立体感

## 4.2.5　更加个性化的图片设置效果

如果觉得使用 PowerPoint 内置的图片样式来美化图片的效果太一般，想让图片更具有个性化色彩，那么不妨放弃图片样式，试试手动设置图片效果！不过前提是您对在 PowerPoint 中设置图片效果十分熟悉。

如果原始图片没有边框，想要显得更正式一些，那么为图片镶个边框吧；如果想要让图片更具艺术感，不妨试试设置映像效果；如果想强调图片的层次感，试试添加阴影效果；如果需要添加发光效果，那也是没有问题的；如果想要朦胧的效果，可以柔化图片的边缘；如果觉得图片过于"平"面了，那当然要试试三维效果，快速将图片变得"立体"起来。

如图 4-17 所示的幻灯片中，第一张图片添加了边框效果，看起来更规则一些；第二张图片添加了映像效果，看起来好像放在透明玻璃面上的物体所产生的倒影一样；第三张图片添加了柔化边缘效果，呈现出一种朦胧感；第四张图片则添加了三维旋转效果，具有了立体感。

📖 **为图片设置边框和效果**

如果要设置边框，则单击"图片样式"组中"图片边框"右侧的下三角按钮，在展开的列表中设置边框的颜色、线型及粗细。如果要设置图片效果，则单击"图片效果"按钮，在展开的列表中选择合适的效果，如下图所示。

图 4-17　个性化设置图片效果

# 精致妙招——图片的问题处理

## 4.3

当要在幻灯片中添加多张图片时，图片该怎么摆放，常常让人头疼。其实，关于图片的摆放并没有固定的原则，最大的诀窍在于熟能生巧，需要经常练习，练多了自然就能体会到其中的奥妙！

虽然没有固定的原则，但我们可以遵循一般的规律，尊重大部分观众的视觉习惯来放置图片，本节将针对较为普遍的几个问题进行讲解。

## 4.3.1　人物图片的视线

观众的目光会很自然地移向幻灯片中人物的视线方向，因此在放置人物图片时，应尽量将人物的视线指向幻灯片中的文字内容。如果需要在一页中同时插入多张人物图片，则视线应尽量保持一致。

如图 4-18 所示，图片中人物的视线指向了幻灯片的左上侧，观众观看该张幻灯片时，会不自觉地跟随人物的视线，所以文字应放在人物的视线上。

图 4-18　图片中人物的视线朝向内侧

如图 4-19 所示，当幻灯片中有多张人物图片时，将人物的眼睛置于同一水平线上会更好，因为在面对一个人时一般会先看其眼睛，当这些人物的视线一致时，观众视线在图片之间移动就会很平稳流畅。

图 4-19　图片中人物的视线一致

📖 调整图片的大小

插入的图片默认按 100% 的比例显示，您可以根据需要进行调整。选中图片，鼠标指向任意一个角上的控点，当指针变为双向箭头时，拖动鼠标可等比例调整图片大小，如下图所示。

📖 对齐图片

使用【Ctrl】键选中多张图片，在"图片工具 - 格式"选项卡下单击"排列"组中的"对齐"按钮，如下图所示，在展开的列表中单击要使用的对齐效果即可。

如果需要营造一种交流的气氛,您可以使图中人物的视线相对。如图 4-20 所示,幻灯片中左上角两个人物的视线方向相对,可以营造一种交流的气氛,而右下角的图片则不会有此效果。

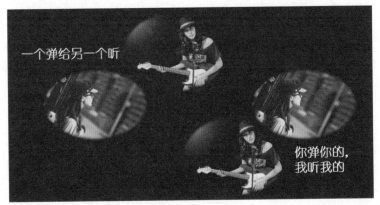

图 4-20　相对的视线与不相对的视线

## 4.3.2　风景图片的视觉延展

风景图片常常会被用来展现大自然的神奇和壮阔之美,但为了使这类图片达到最佳的展示效果,需要注意图片的视觉延展效果。

如图 4-21 所示,该幻灯片中设置的背景图片能够让观众的视线随着公路的延展而前行,并与文本内容很好地结合起来。

图 4-21　向前延展的效果

**旋转图片**

如果原本的图片并不能营造相对的视线,那么可以翻转其中的一张图片。

在"图片工具 - 格式"选项卡下单击"排列"组中的"旋转"按钮,如下图所示,在展开的列表中单击要翻转的方向即可。

**将图片裁剪为指定纵横比**

在"图片工具 - 格式"选项卡下单击"大小"组中的"裁剪"下三角按钮,在展开的列表中单击"纵横比"选项,在级联列表中选择要裁剪为的比例即可,如下图所示。

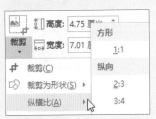

如图 4-22 所示，该幻灯片放映时，观众会随着图片中的高楼视角而仰望，从而很好地理解文本内容"人总要仰望点什么"，并在一定程度上继续延展思维。

图 4-22　向上延展的效果

📖 **精确设置图片的位置**

右击图片，在弹出的快捷菜单中单击"设置图片格式"命令，打开"设置图片格式"窗格，在"大小与属性"选项卡下的"位置"选项组中设置图片的"水平位置"和"垂直位置"，如下图所示。

## 4.3.3　多类型图片的位置处理

按照图片的内容可以将图片分为人、物、天、地等类型，当不同类型的图片需要出现在同一画面中时，又该如何放置呢？

若人和物的图片以上下位置出现在同一画面中，则应将人放在物的上方，反之，若将物放在人的上方，则不符合习惯和常规逻辑，如图 4-23 所示。

📖 **设置图片边框颜色**

在"图片工具-格式"选项卡下单击"图片样式"组中"图片边框"右侧的下三角按钮，如下图所示，从展开的列表中选择合适的颜色。

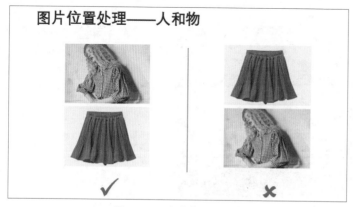

图 4-23　人和物的位置处理

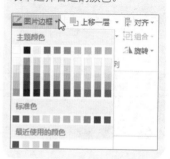

同理，如果天空和地面的图片需要上下放置时，则一定是天空在上方，地面在下方。如图 4-24 所示，幻灯片左侧两幅图的排列符合天地的上下排列习惯，而右侧的排列则不符合实际。

图 4-24　天空在上，大地在下

如果要并排放置多张同类型的图片，除了注意图片本身的尺寸应一致外，还需要注意图中地平线的位置应尽量保持在同一水平线上。如图 4-25 所示，幻灯片中上面两张图的排列比较符合习惯，而下面两张图的排列则显得参差不齐。

图 4-25　多张图片的地平线位置

📖 设置图片的阴影效果

　　在"图片样式"组中单击"图片效果"按钮，在展开的列表中单击"阴影"选项，如下图所示，在级联列表中选择合适的阴影效果即可。

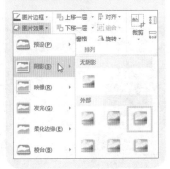

📖 快速恢复图片默认效果

　　为图片设置了格式之后，如果希望快速恢复为原来的效果，可在"图片工具 - 格式"选项卡下单击"调整"组中的"重设图片"按钮，如下图所示。在展开的列表中单击"重设图片"选项，即可放弃所有的格式设置；单击"重设图片和大小"选项，可放弃所有格式设置和大小更改，恢复为插入时的效果。

第 4 章

## 4.3.4　图片的不规则展示

在演示文稿设计中，为了突出或个性化地展示演示文稿中的图片，通常会选择深色背景或将多张图片进行不规则的排列组合。

图片是演示文稿设计的重要元素，为突出浅色的图片并获得最佳的对比效果，可将幻灯片的背景设置为黑色，如图 4-26 所示。

图 4-26　黑色的背景让图片更突出

在一张幻灯片中整整齐齐地排列多张图片会显得过于生硬，这时可以将多张图片进行不规则的排列，并使图片的背景与页面背景色自然融合，更具有设计感，如图 4-27 所示。

图 4-27　不规则排列图片，并与背景自然融合的效果

📖 **设置等比例缩放**

为了在拖动调整图片尺寸时，不更改图片的长宽比例，可在"设置图片格式"窗格中"大小与属性"选项卡下的"大小"选项组中勾选"锁定纵横比"复选框，如下图所示。

📖 **组合图片**

选中要组合的图片，在"图片工具 - 格式"选项卡下单击"排列"组中的"组合"按钮，在展开的列表中单击"组合"选项，如下图所示。

# 呈现细节——屏幕图片的截取

浏览网页时常常可以看到，在完整的图片介绍之后，通常会用多张局部图片进行细节介绍。在演示文稿的设计中，同样可以使用这种局部裁剪法，并且可以直接使用 PowerPoint 中的屏幕截图功能来完成。

图 4-28 所示是截取自某网页的一张图片，图片显示了椅子的四个细节部分，并为每个细节添加了文字说明，多角度展示了椅子的特点。

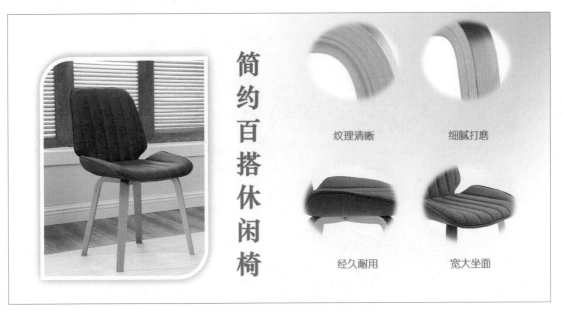

图 4-28　从网页中学习图片的局部裁剪法

📖 **细节图与形状相结合**

产品展示的演示文稿很难做吗？只要您敢于突破常规思维，就会迎来一片新天地。如图 4-28 所示，我们可以在页面的左侧放一张完整的图片，然后截取一些细节图，如果想把细节图排列得美观一些，那就为图片设置一些样式，可以使整个版面更加美观。

接下来，看一下在演示文稿中如何使用图片局部裁剪法来表现细节。如图 4-29 所示，单调的一张图片放在幻灯片中，很难显示出各个部分的细节，如果配上关键部分的细节图，是不是能让观众更清晰地了解这款窗帘呢？所以如果您还在为做不出令人满意的产品展示演示文稿而苦恼，不妨试试这种方法。

图 4-29　使用局部裁剪法展示细节

### 📖 使用屏幕截图功能

将要截取的图片打开，然后在 PowerPoint 的"插入"选项卡下的"图像"组中单击"屏幕截图"按钮，在展开的列表中单击"屏幕剪辑"选项，如右图所示，在打开的截图界面中拖动鼠标选择要截取的区域即可。

# 第 5 章

## 插图和表格，
## 形象化表达演示文稿

　　有人说演示文稿的设计原则之一是"字不如表，表不如图"，简短的一句话道出了演示文稿设计中形象化表达的重要意义。如果您的演示文稿是满页的文字，那为什么不用 Word 呢？如果您的演示文稿是行列交错，甚至需要计算的数据表格，那为什么不用 Excel 呢？如果您需要的是一份辅助演讲的文稿，希望通过演示文稿达到您预期的结果，那么您选择 PowerPoint 是正确的，但是，请在演示文稿中抛弃那些大段的文字和复杂的数据表格。在演示文稿中，对于文字、表格，甚至是图表，都应该有更独特、更形象的诠释方式。

# 用图形来诠释文字和数字

一本小说即使读上许多遍，久了还是会忘记，但看电影就只需跟着故事情节的发展去感受每一个画面，即使只看一遍，过一阵子还能记忆犹新。同样地，要想让观众尽可能记住演示文稿的内容，就要尽量少用大量的文字，使用更为形象的图形替代部分文字，会让您的演示文稿变得像电影一样生动。

如图 5-1 所示，您是不是经常看到这样的演示文稿呢？虽然使用了项目符号列出数据，并使用红色字体来强调主要内容，但较长的段落还是让您没耐心读下去。所以为什么不使用更形象化的表达方式呢？

## 企业发展历程

- ❑ 1998年，公司于\*\*省\*\*市成立。

- ❑ 2002年，公司的第一个大型生产基地于\*\*省\*\*市建立。

- ❑ 2006年，公司股票在\*\*省发行上市。

- ❑ 2012年，公司在海外的第一个生产基地在\*\*国建立。

- ❑ 2017年，公司的分公司超过100家，并融资千亿进入新时代。

图 5-1　大段文字描述的演示文稿

📖 **在幻灯片中插入自选形状**

在"插入"选项卡下单击"插图"组中的"形状"按钮，如右图所示，在展开的列表中单击形状，然后在幻灯片中拖动鼠标绘制形状即可。

如图 5-2 所示，幻灯片中插入了多个"圆角右箭头"形状对企业的发展历程进行梳理，观众可以快速地获取企业在各个年份的大事件，并对各个事件记忆深刻。

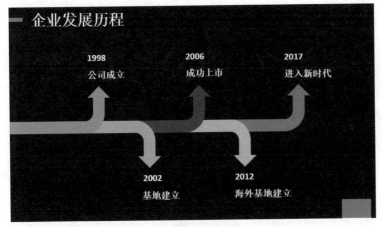

图 5-2　使用基本形状梳理文本内容

如图 5-3 所示，该幻灯片以树的成长过程对企业的发展历程进行了归纳，各个事件对应的树都是由多个形状组成的，这样的幻灯片既能够让观众快速且清晰地查看各个时间对应的事件，又具有一定的趣味性。

图 5-3　使用组合形状归纳文本内容

📖 **更改插入的自选形状**

　　如果插入的自选形状不适用于当前的幻灯片，可选中形状后，在"绘图工具 - 格式"选项卡下单击"插入形状"组中的"编辑形状"按钮，将鼠标指针指向"更改形状"选项，如下图所示，在展开的列表中选择合适的样式即可。

📖 **编辑形状顶点**

　　如果觉得插入的形状太死板，不能很美观地表达文本内容，可对形状的顶点进行编辑。

　　选中形状后，在"绘图工具 - 格式"选项卡下单击"插入形状"组中的"编辑形状"按钮，在展开的列表中单击"编辑顶点"选项，如下图所示。

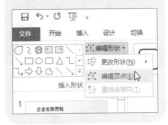

如图 5-4 所示的幻灯片，背景图片的选择符合国际象棋比赛的主题，但是，内容部分却显得平淡，只是简单地使用文字描述了冠、亚、季军的姓名。显然，它的问题在于还不够直观和形象化。

图 5-4　普通的幻灯片

如图 5-5 所示，使用金、银、铜牌的图形来分别代表冠、亚、季军，与图 5-4 中的幻灯片相比，是不是能让观众更容易记住冠、亚、季军的姓名呢？

图 5-5　活泼形象的幻灯片设计

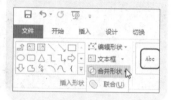

思维是无限的,在幻灯片的设计中,只有想不到,没有做不到。同样的主题,表现的形式有很多,如图 5-6 所示的幻灯片使用了一组三级台阶的形状来代表冠、亚、季军,每个台阶上下还分别使用文字和数字给出了姓名和名次,是不是很直观呢?

图 5-6　更加直观的幻灯片设计

无论是用于阅读还是用于演示,演示文稿都离不开数据,如何让观众记住枯燥的数据呢?实际上,将数据图形化等方式就可以使数据更形象。

如图 5-7 所示,在该幻灯片中,观众能够快速获取产品 A 和产品 B 的销售占比数据,并能够明显地看出产品 A 的销售占比大于产品 B 的销售占比。

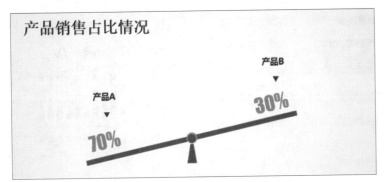

图 5-7　形象化的产品销售占比幻灯片设计

📖 取消组合多个形状

　　如果想要取消组合的多个形状,则可选中组合的形状,在"绘图工具 - 格式"选项卡下单击"排列"组中的"组合"按钮,在展开的列表中单击"取消组合"选项,如下图所示。

📖 旋转形状

　　单击要旋转的形状对象顶端的旋转手柄,然后沿所需方向拖动即可,如下图所示。

第 5 章

如图 5-8 所示，从该幻灯片中能够直观获取各个年份对应的市场份额百分比，且插入的形状在填充颜色上也具有一定的美感。

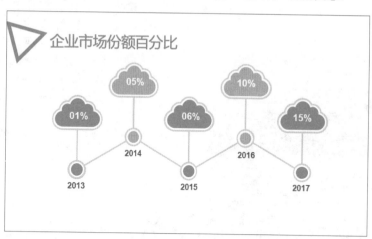

图 5-8　直观化的企业市场份额百分比

如图 5-9 所示，在该幻灯片中，根据各个行业的采购指数数据使用了不同长度的形状，如此一来各个行业在各个指数中的变化就一目了然了。

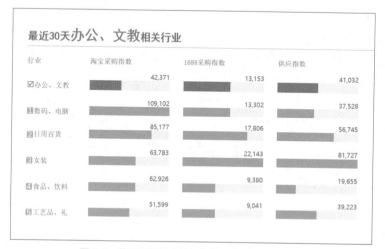

图 5-9　使用不同长度的颜色块代表行业的指数值

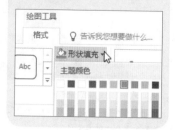
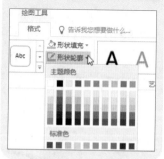

如图 5-10 所示，幻灯片中通过插入多个高低不同的箭头对最近三年的销售额情况进行了展示，并对箭头的形状效果进行了设置，是不是既直观又形象呢？

图 5-10　直观的形状效果

**设置形状的效果**

选中形状，在"绘图工具 - 格式"选项卡下单击"形状样式"组中的"形状效果"按钮，如下图所示，在展开的列表中选择形状效果。

## 5.2　用颜色和图形来改造呆板的表格

一提到表格，我们会自然而然地想到四四方方的格子，里面有密密麻麻的数字，没错，这就是传统意义上的表格。可是，如果仅仅是将数据复制、粘贴到演示文稿中，那么意义不大，因为在有限的演示时间内，大多数人对太多的数据都不会有阅读的欲望，此时可以使用一些技巧对呆板的表格进行改造。

表格是演示文稿中最为常见的数据展示形式，如何才能让表格变得更漂亮一些呢？这真的不是一件容易的事，这里总结了如下几点技巧：

★ 在草稿上做出传统格式的表格；

★ 分析表格中的关键数据；

★ 抛弃表格的形式，开始构思它在演示文稿中的效果；

★ 充分运用颜色；

★ 充分运用图片和图形。

当您真正做到"手中无表，心中有表"，使用表格的思维，但不用表格的形式在演示文稿中设计表格时，相信您已经完全领悟表格的形象化表达了。

## 5.2.1　运用填充颜色使表格形象化

如果表格中的数据条目较多、页面空间有限且难以形象化，那么，您可以为表格填充颜色来避免表格太过呆板。

如图 5-11 所示，幻灯片中是各行业的运营时间情况表，对于很抽象的运营情况，要找到与之匹配的图片或图形比较困难。即使找到了，由于出现的频率比较高，在空间有限的页面上，如何放置也是个问题。那么，怎样才能使这样的表格迅速变得形象化呢？

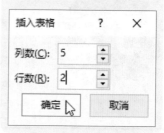

### 在幻灯片中插入表格

在"插入"选项卡下单击"表格"组中的"表格"按钮，在展开的列表中单击"插入表格"选项，弹出"插入表格"对话框，设置好"列数"和"行数"后，单击"确定"按钮，如下图所示。

### 各行业的运营时间情况

| 序号 | 行业 | A城市 | B城市 | C城市 | D城市 | E城市 |
| --- | --- | --- | --- | --- | --- | --- |
| 1 | 药店 | 24小时运营 | 视情况而定 | 24小时运营 | 视情况而定 | 非全天运营 |
| 2 | 餐馆 | 视情况而定 | 非全天运营 | 非全天运营 | 视情况而定 | 24小时运营 |
| 3 | 超市 | 非全天运营 | 视情况而定 | 24小时运营 | 视情况而定 | 非全天运营 |
| 4 | 市场 | 视情况而定 | 24小时运营 | 非全天运营 | 视情况而定 | 视情况而定 |
| 5 | 健身房 | 24小时运营 | 非全天运营 | 视情况而定 | 非全天运营 | 24小时运营 |
| 6 | 茶楼 | 24小时运营 | 非全天运营 | 24小时运营 | 视情况而定 | 视情况而定 |

图 5-11　传统格式的时间情况表

如图 5-12 所示，将要突出的时间状态使用不同颜色的色块来填充。

| 序号 | 行业 | A城市 | B城市 | C城市 | D城市 | E城市 |
|---|---|---|---|---|---|---|
| | | | | 各行业的运营时间情况 | | |
| 1 | 药店 | 24小时运营 | 视情况而定 | 24小时运营 | 视情况而定 | 非全天运营 |
| 2 | 餐馆 | 视情况而定 | 非全天运营 | 视情况而定 | 非全天运营 | 24小时运营 |
| 3 | 超市 | 非全天运营 | 视情况而定 | 24小时运营 | 视情况而定 | 非全天运营 |
| 4 | 市场 | 视情况而定 | 24小时运营 | 非全天运营 | 视情况而定 | 视情况而定 |
| 5 | 健身房 | 24小时运营 | 非全天运营 | 视情况而定 | 非全天运营 | 24小时运营 |
| 6 | 茶楼 | 24小时运营 | 非全天运营 | 24小时运营 | 视情况而定 | 视情况而定 |

图 5-12　使用不同色块区分运营时间

表格框线及表格中添加的文本虽然是传统表格形式最主要的特征，但为了让表格的展示效果更加直观并具有个性，可隐藏表格框线并以图形代替文本。如图 5-13 所示的幻灯片去掉了表格框线，并用不同的图形表示不同的时间状态，这样观众就可以更直观地获取各个行业在各个城市的运营时间情况。

**各行业的运营时间情况**

✅ 24小时运营　　❓ 视情况而定　　❌ 非全天运营

| | A城市 | B城市 | C城市 | D城市 | E城市 |
|---|---|---|---|---|---|
| 药店 | ✅ | ❓ | ✅ | ❓ | ❌ |
| 餐馆 | ❓ | ❌ | ✅ | ❌ | ✅ |
| 超市 | ❌ | ❓ | ✅ | ❓ | ❌ |
| 市场 | ❓ | ✅ | ❌ | ❓ | ❓ |
| 健身房 | ✅ | ❌ | ✅ | ❌ | ✅ |
| 茶楼 | ✅ | ❌ | ✅ | ❓ | ❓ |

图 5-13　更直观的表格效果

## 5.2.2　大胆创意，化表格于无形

在演示文稿中，最常见的表格通常是数据表，因此，仅仅使用色块是远远不够的。可充分发挥您的想象，构思无需表格但更好的数据表现方式。

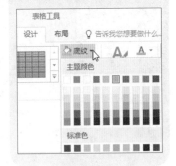

📖 设置表格底纹颜色

在"表格工具 - 设计"选项卡下单击"表格样式"组中"底纹"右侧的下三角按钮，如下图所示，在展开的列表中单击合适的底纹颜色。

📖 设置单元格凹凸效果

单击"表格样式"组中的"效果"按钮，在下拉列表中单击"单元格凹凸效果"选项，然后单击"棱台"效果中的第一种样式，如下图所示。

如图 5-14 所示，幻灯片使用了森林图片作为背景，与主题"森林覆盖率"倒也很协调，其中插入了表格，表格中列出了 3 个国家的森林覆盖率百分比数据。虽然从中可以直接看到三个国家对应的森林覆盖率，但不是很直观。

图 5-14　演示文稿中普通的数据表格

如图 5-15 所示，若使用树形图片的数量来代表森林覆盖率的高低，是不是很形象呢？将多个图片再摆放成树的形状，并通过少小半棵树的方式来表现 60% 与 64% 之间的区别，是不是更生动直观了？

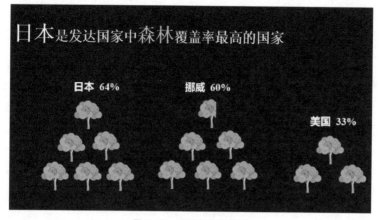

图 5-15　图形化表格数据

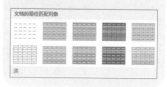

# 图表的形象化表达

## 5.3

看了标题"图表的形象化表达"，也许您会说："图表本来就是一种形象化的表达方式啊！"是的，图表的确比文字、数据和表格都更形象。但是，我们这里要讨论的是，如何使演示文稿中的图表更形象生动，更好地为演讲服务，更好地传递信息。

PowerPoint 支持 Office 默认的图表功能，但是，Office 默认的图表功能及样式在演示文稿设计中也有一定的局限性，这里归纳为以下几点：

★ 图表颜色比较呆板；

★ 图表布局不够灵活；

★ 标题和图例等元素的设计过于僵硬；

★ 表达复杂数据的图表设计较困难。

正是因为 Office 本身的图表功能无法满足演示文稿设计的需求，所以我们必须寻找新的出路。墨守成规很难设计出优秀的作品！

## 5.3.1 演示文稿的图表≠Excel图表

我们不能把演示文稿的图表等同于 Excel 图表。Excel 图表的主要作用是数据分析，而演示文稿的图表除了起到数据分析的作用之外，还需要有更好的视觉效果，更形象直观的图解方式。因此，不必全部遵循 Excel 图表的模式，有创新才能称之为设计！

如图 5-16 所示，幻灯片中的饼图添加了说明标题"产品销售占比情况分析"，而不是图表标题，表达主题的效果更强烈了。

如图 5-17 所示，幻灯片将要突出的数据系列从饼图中分离，并将右侧的文字"C 产品"加粗和增大显示。如此一来，观众会直接重点关注 C 产品的销售占比情况。

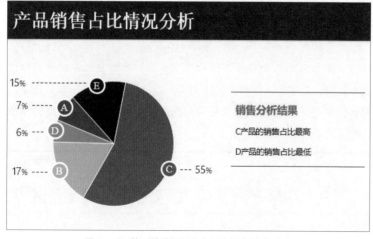

图 5-16　利用说明标题突出图表要表达的内容

**在演示文稿中创建图表**

在"插入"选项卡下单击"插图"组中的"图表"按钮，打开"插入图表"对话框，单击相应的图表类型，如下图所示，然后在子图表类型中选择合适的图表即可。

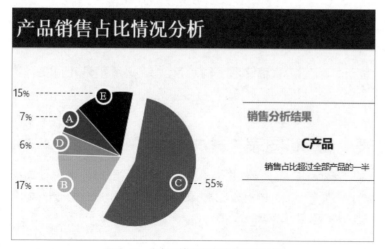

图 5-17　分离图块突出当前关注的数据

**分离图块的方法**

单击三次选中要分离的饼图图块，然后按住鼠标左键不放拖动该图块，即可将其分离，如下图所示。

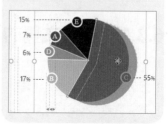

如图 5-18 所示的幻灯片，调整了图表中扇区的起始角度，并将要突出的图块分离出来，这样便可以让要突出的数据系列更加显眼地展示给观众。

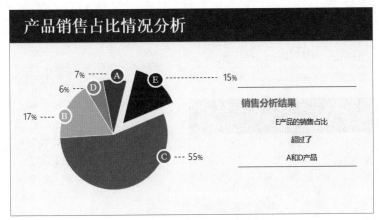

图 5-18　调整扇区起始角度后的效果

**📖 设置扇区的起始角度**

　　右击图表数据系列，在弹出的快捷菜单中单击"设置数据系列格式"命令，在"设置数据系列格式"窗格中的"系列选项"选项卡下，拖动"第一扇区起始角度"滑块，如下图所示。

## 5.3.2　图片也能用来装饰图表

　　图片在图表中也有巧妙的用途，除了可以用来装饰图表，增强视觉效果外，使用与主题密切相关的图片还可以起到强调和增强说服力等作用。

　　如图 5-19 所示，该幻灯片中使用了三维簇状柱形图来对比分析产品的销售状况，并在图表中添加了数据标签展示数据，图表效果更加生动、立体。

**📖 创建圆柱形图表**

　　在幻灯片中创建好三维图表后，如果需要调整图表的柱体形状，可右击图表中的数据系列，在弹出的快捷菜单中单击"设置数据系列格式"命令。打开"设置数据系列格式"窗格，在"系列选项"选项卡下的"柱体形状"选项组中单击相应的柱体形状前的单选按钮，如下图所示。

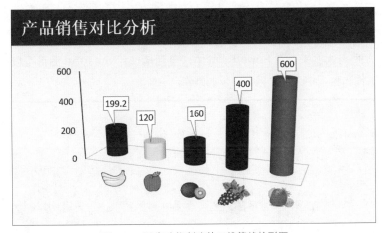

图 5-19　图表功能创建的三维簇状柱形图

如图 5-20 所示，图表中的各个数据系列柱形使用了产品的图片进行填充，这样观众能够更加快速地了解各个系列对应的产品。此外，在右侧展示了一个销售分析结果的说明文本框，观众也可以直接通过该文本框了解幻灯片所要表达的重点内容。

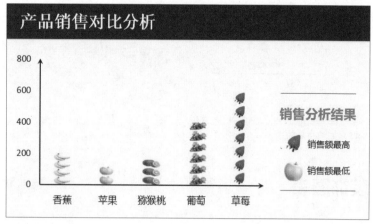

图 5-20　使用图片装饰图表

**设置图片的放置方式**

为了使图表数据系列中填充的图片能够完整显示，可选中单个数据系列，在"设置数据系列格式"窗格中的"填充与线条"选项卡下单击"填充"选项组中的"层叠并缩放"单选按钮，并在后面的文本框中输入合适的数值数据，如下图所示。

# 用SmartArt图形完成形象化表达

概念图示的形象化表达是演示文稿设计中非常重要的内容，也是演示文稿视图化的一个关键。通常是指将一些概念性的内容通过总结、归纳，再使用图表的方式表达出来。在 PowerPoint 中，灵活地使用 SmartArt 图形可以完成日常工作和生活中大部分概念图示的制作。

SmartArt 图形的应用，使得 PowerPoint 的功能得到了进一步的升华。此前，大多数情况下都是直接使用文字来表现一些抽象的概念，在演示的过程中，即使演讲者讲得再生动形象，有时也难以将意图准确地传达给观众。

使用概念图示，即使不用任何文字，也能够将演讲者的意图展现得淋漓尽致。这一无可比拟的优点，使得概念图示在演示文稿设计中越来越受到重视。

概念图示通常用于表示一些关系和流程，常见的有列表、流程、循环、层次结构、关系、矩阵和棱锥图示。

# 5.4.1 列表图示

当演示文稿中存在一些非有序的信息块或分组信息时，它们之间的关系是并列的，无所谓先后，也无所谓主次，这时可以使用并列关系的图示来对其进行形象化表达。

如图 5-21 所示，该幻灯片使用了 SmartArt 版式库中的"基本列表"来展示 6 种并列关系的杯子。

图 5-21　使用"基本列表"显示分组信息

如图 5-22 所示，幻灯片插入"连续图片列表"的 SmartArt 图形对团队成员进行了简单的介绍。在该图示中插入了人物图片，从而更加形象地展示团队成员的姓名和职务。

图 5-22　使用"连续图片列表"显示并列信息

## 5.4.2　流程图示

类似"步骤1，步骤2，步骤3"的顺序流程是日常工作中常见的表示方式，如果想要将文字翻译成视觉语言，可以使用SmartArt图形来展示流程。

如图5-23所示，在SmartArt版式库中的"流程"分组中选择"步骤上移流程"图示来代表法律架构的几个阶段，简单的图示形象地表达了层层深入的概念。

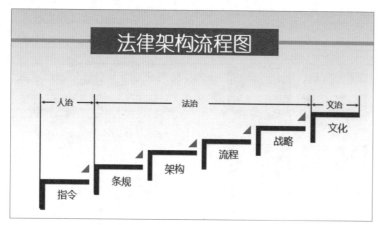

图5-23　表示步骤上移流程的图示

为了增强视觉效果，使图形更加美观，可以更改SmartArt形状的颜色，如图5-24所示为"基本流程"形状更改颜色后的效果。

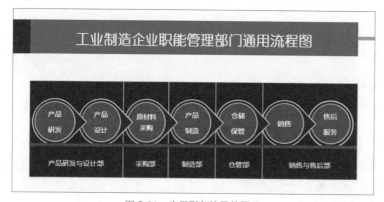

图5-24　应用彩色效果的图示

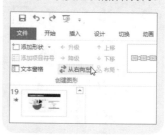

**更改SmartArt布局**

选中SmartArt图形，在"SmartArt工具-设计"选项卡下单击"创建图形"组中的"从右向左"按钮，如下图所示，即可改变图示的阶梯方向。

**更改SmartArt颜色**

在"SmartArt工具-设计"选项卡下单击"SmartArt样式"组中的"更改颜色"按钮，如下图所示，在展开的列表中单击要应用的颜色选项。

图 5-25 中的幻灯片使用了 SmartArt 版式库中的"流程箭头"来表示订单的基本流程，并为该图示应用了合适的颜色和样式，使该图示更加美观。

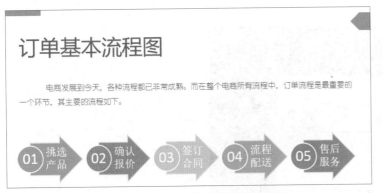

图 5-25　使用"流程箭头"表示订单流程

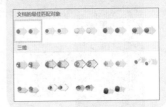

### 5.4.3　循环图示

除了前面介绍的顺序流程外，在实际工作中，还有一种比较常见的流程，即循环流程。在 SmartArt 版式库中，专门有一个子类用于表示循环。

如果想要表达一种循环关系，可以使用 SmartArt 版式库中"循环"分组中的"多向循环"。图 5-26 所示的幻灯片展示了 PDCA 循环法的 4 个环节。

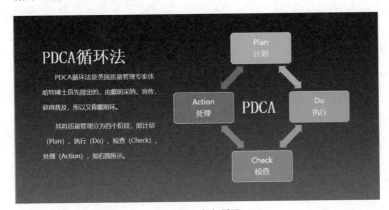

图 5-26　多向循环

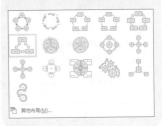

第5章

除了使用"多向循环"图示表达循环流程外，还可以使用"循环矩阵"图示。图 5-27 的幻灯片中使用"循环矩阵"图示表示了 SWOT 分析的四个部分，并在对应的区域添加了文本内容进行详细的介绍。

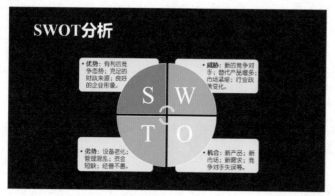

图 5-27　循环矩阵

**转换 SmartArt 图形为形状**

在"SmartArt 工具 - 设计"选项卡下单击"重置"组中的"转换"按钮，在展开的列表中单击"转换为形状"选项，如下图所示。

## 5.4.4　层次结构图示

在演示文稿中经常会用到层次结构图，如组织结构图。在 PowerPoint 中，SmartArt 版式库包含了多种样式的组织结构图。您可以根据需要选择适当的样式，如果在此基础上再适当调整，个性化的层次结构图便可展现在您眼前。

如图 5-28 所示，如果只需要显示组织中的层级信息或上下级关系，可以直接使用标准的"层次结构"图示。

图 5-28　公司层次结构图

**增大某一形状**

通过设置不同的形状大小可以对层级关系加以区分。选中要设置的形状，在"SmartArt 工具 - 格式"选项卡下单击"形状"组中的"增大"按钮，如下图所示。

如图 5-29 所示，幻灯片中使用了"图形图片层次结构"图示展示了各级人员的头像、职务及姓名等信息，层级关系一目了然。

图 5-29　图形图片层次结构图

**升级或降级形状**

　　创建好 SmartArt 图形后，可通过"升级"或"降级"命令改变图形中某个形状的级别。

　　选中需要更改的形状，在"SmartArt 工具-设计"选项卡下单击"创建图形"组中的"升级"或"降级"按钮，如下图所示。

## 5.4.5　关系图示

　　关系图示是较为重要的一类图示，也是概念图示中较难的一类。使用这类图示可以对文字所表达的平衡、循环、筛选、合并及关联等关系进行形象化表达。

　　如图 5-30 所示，在幻灯片中使用了"堆积维恩图"图示对集团控股型组织结构进行了介绍。该图示用于显示重叠关系。

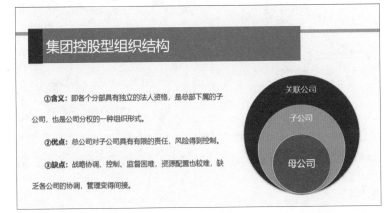

图 5-30　堆积维恩图

**设置某个形状的填充颜色**

　　选中图示中的某个形状，在"SmartArt 工具-格式"选项卡下单击"形状样式"组中"形状填充"右侧的下三角按钮，如下图所示，在展开的列表中选择颜色。

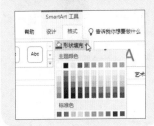

第5章

如图 5-31 所示的幻灯片中插入了"六边形群集"图示，该图示用于显示包含关联描述性文本的图片，小六边形指明图片所对应的文本，适用于文本较少的情况。

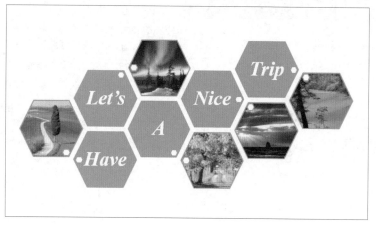

图 5-31　六边形群集图

如图 5-32 所示，幻灯片中使用了一个"漏斗"图示，该图示常用于表现信息的筛选，或者多个部分如何合并为一个整体。这里表示最佳方案是从方案 1、2 和 3 中筛选出来的，同时在左侧添加了一张图片，形象化地对最佳方案的筛选表示疑问。

图 5-32　"漏斗"图示

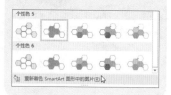

## 5.4.6 矩阵和棱锥图示

矩阵和棱锥图示也是实际工作中较为常见的一种图示，通常用于表示部分与整体的关系、比例关系、互连关系及层次关系。

如图 5-33 所示，幻灯片中使用了"网格矩阵"图示，该图示显示沿两个坐标轴的概念布局，强调单独的部分而非整体。

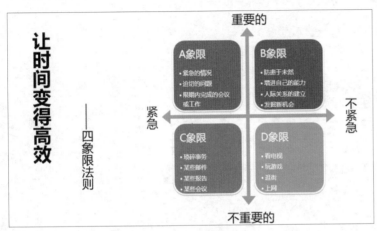

图 5-33　网格矩阵

如图 5-34 所示，幻灯片中使用了"基本棱锥图"图示，形象地展示了管理层次的分工及相互关系。

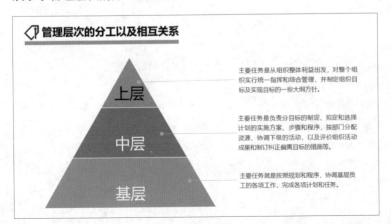

图 5-34　基本棱锥图

📖 **在图示中添加项目符号**

选中图示中的形状，在"SmartArt 工具 - 设计"选项卡下单击"创建图形"组中的"添加项目符号"按钮，如下图所示。

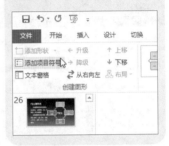

📖 **重设图形**

在"SmartArt 工具 - 设计"选项卡下单击"重置"组中的"重设图形"按钮，如下图所示。

# 第 6 章

## 动画与声效，
## 让演示文稿声形并茂

　　动画是演示文稿设计中饱受争议的内容。有的人认为在学术报告或商务演讲中，动画会分散观众的注意力，让观众的视线从主题转移到动画上，对于演讲本身会造成得不偿失的后果。然而，在企业形象或产品宣传、课件等类型的演示文稿中，适当的动画效果可以避免观众产生视觉疲劳，还可以为演示文稿增色不少。因此，难以抛开演示文稿的内容，单从形式上说动画的优劣。只要运用恰当，就会"动起来，更精彩"！

# 6.1 解读演示文稿中的动画

近年来，在大批专业公司的带动下，演示文稿的动画潜能逐步得到开发，越来越多的演示文稿爱好者也开始接受并研究演示文稿中的动画。

动画，可以吸引人的注意力，所以利用恰当的动画可以将观众引向问题的关键点。同时正是由于动画的这种吸引力，观众的视线很可能会去关注这些动画本身，而不是演讲者想要表达的内容。所以，无论您的演示文稿动画设计得多么精美，如果在一场演示结束后，让全场观众瞠目结舌，心里还在质疑这是否真是用 PowerPoint 做出来的，那么，您的演示文稿肯定是失败的。舍弃内容，再华丽的动画也失去了意义，不过是本末倒置，抢了镜头的杂耍而已。

其实，大部分演示文稿大师们认为，动画并不一定要多复杂，简洁而又能恰到好处地对内容进行展示烘托，让动画为演示文稿的内容服务才是最重要的。但想要真正做到这一点，并不容易。

如何才能设计出好看又好用的动画呢？除了需要熟练运用 PowerPoint 多加练习外，唯一的捷径也许就是沿着成功人士的脚步前行，博采众长，为己所用。结合一些演示文稿达人的观点，想要设计出真正的好动画，也许可以从以下几个方面着手。

### 1. 根据演示目的和文稿内容设计动画

★ 确定演示需达到的目的；

★ 分解幻灯片中需要添加动画的关键对象；

★ 结合内容设计动画效果。

### 2. 灵活掌握时间轴

在演示文稿中想要灵活掌握时间轴，需要弄清以下三个概念：

★ 之前；

★ 之后；

★ 触发。

### 3. 路径

演示文稿中的路径可以理解为对象的运动轨迹，可以使用自定义路径动画为对象设置任何直线或曲线的运动轨迹。

### 4. 效果

效果是 PowerPoint 软件中自带的动画样式，每个效果类似于封装的宏，单击就可以应用到对象中。不但可以单独使用其中的一种效果，还可以将多种效果叠加在一起，形成复杂精美的动画。

### 5. 耐心

特别是制作复杂的动画，除了需要一定的专业技术外，最需要的就是耐心了。

说到底，其实演示文稿的动画设计也不难，与一些专业的动画设计相比简单多了。如果您需要动画来使您的演示文稿更酷，使您的演示更有成效，那么，大胆地开始吧！

# 6.2 静不如动——演示文稿的动画设计

文字作为信息的主要载体，在演示文稿中有着举足轻重的地位。通过为文字设置一些动画，让文字"跳起舞"来，可以对文字内容起到强调的作用。为演示文稿中的图片添加动画，可以获得更加生动有趣的演示效果。

## 6.2.1 片头文字动画不妨华丽一点儿

片头通常是指演示文稿的封面，它的特点是内容简洁、风格明快。因此，片头动画的风格可以与内容风格相反，可以选择一些比较华丽的动画。简约的内容配上华丽的动画，能增强演示文稿的神秘色彩，吸引观众继续看下去。

演示文稿中的动画效果可以分为进入、强调、退出和动作路径动画，您可以为选定的文字单独应用其中的某一种效果，但更为常见的是将多种动画效果结合起来应用，呈现更丰富的动画效果。

## 1. 为一个对象添加一个动画效果

如果想要为幻灯片中的某个对象设置一个动画效果，可通过以下方法实现。

如图 6-1 所示，分别为幻灯片中的三个对象添加了"浮入""形状""旋转"动画效果。添加动画效果后，在对象的左侧会显示动画顺序编号 1、2、3，此时看到的是未播放动画时演示文稿的页面效果。

📖 **快速添加动画效果**

在幻灯片中单击要设置动画效果的对象，在"动画"选项卡下单击"动画"组中的快翻按钮，在展开的列表中单击需要的动画效果，如下图所示。

图 6-1 为幻灯片对象设置动画效果

如图 6-2 所示，当预览幻灯片时，幻灯片中含有标记的对象将分别以"浮入""形状""旋转"的动画效果展示。

📖 **预览当前页面动画效果**

在"动画"选项卡下单击"预览"组中的"预览"按钮，如下图所示，即可开始播放当前页面中已添加的动画效果。

图 6-2 幻灯片对象的动画预览效果

如图 6-3 所示，当前幻灯片的对象设置为"劈裂"效果，预览幻灯片时，幻灯片中的对象会像斧头劈开木头一样从中间劈裂显示。

图 6-3　劈裂进入的动画预览效果

📖 更改劈裂动画的方向

在"动画"选项卡下的"动画"组中单击"效果选项"按钮，如下图所示，在展开的列表中单击动画的方向选项。

## 2.　为一个对象添加多个动画效果

若觉得添加一个动画效果不够醒目，或者不能吸引观众注意力，可为一个对象添加多个动画效果。

如图 6-4 所示，为该幻灯片中的文本对象添加了三个动画效果，分别是"随机线条""脉冲""擦除"。为一个对象添加多个动画效果后，该幻灯片在放映时会更加丰富多彩和自然，也更能够吸引观众的注意力。

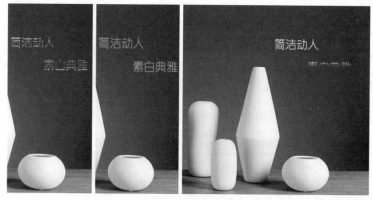

图 6-4　为一个对象添加多个动画效果

📖 为同一对象添加新动画

若要为已添加了动画的对象再添加动画，可在"动画"选项卡下单击"高级动画"组中的"添加动画"按钮，如下图所示，在展开的列表中选择要添加的效果。

如图 6-5 所示，该幻灯片中的两个对象分别添加了两个动画效果。其中为第一个文本对象添加了"飞入"和"飞出"效果，为第二个文本对象添加了"上浮"和"下浮"效果。使用不同的动画效果，可让幻灯片的展示更加生动和活泼。

📖 调整动画顺序

默认情况下，系统会按照动画添加的先后顺序播放动画，也可以手动调整顺序。

在"动画"选项卡下单击"高级动画"组中的"动画窗格"按钮，打开"动画窗格"窗格，选中要调整的效果，单击代表向前移动或向后移动的按钮即可调整播放顺序，如下图所示。

图 6-5　分别对多个对象添加多个动画的效果

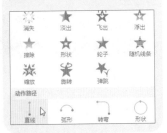

### 3. 为对象添加动作路径

除了为对象添加预设的动画效果，还可以添加预设的动作路径，或者手动绘制路径，为对象创建自定义动作路径。

如图 6-6 所示，幻灯片中的"优雅"文本框添加了"直线"动作路径，"靓丽"文本框添加了"形状"动作路径。通过添加路径，可让幻灯片在放映时更加随意、自然。

📖 选择动作路径

选中要添加动作路径的对象，在"动画"选项卡下单击"动画"组中的快翻按钮，在展开的列表中单击"动作路径"选项组下的动作路径，如下图所示。

图 6-6　添加动作路径的动画预览效果

第 6 章

如图 6-7 所示，幻灯片中的对象应用了手动绘制的路径。在放映幻灯片时，设置了动画的对象会按照绘制的自定义路径移动。这种效果给人的感觉比较活跃，可以让现场的气氛轻松一下，但通常只适合有少量文字的幻灯片，含有大量文字的幻灯片则应避免使用该方式，否则容易引起视觉疲劳。

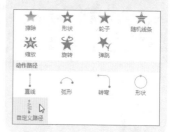

📖 **绘制自定义的路径**

选中要添加自定义路径的对象，在"动画"选项卡下单击"动画"组中的快翻按钮，在展开的列表中的"动作路径"选项组中单击"自定义路径"选项，如下图所示。移动鼠标指针至幻灯片中，此时鼠标指针呈十字形，按住鼠标左键拖动绘制运动路径，完成路径的绘制后，按下【Enter】键确认。

图6-7　自定义路径动画

如图 6-8 所示，幻灯片中的两个对象分别应用了"新月形"和"心跳"动作路径的效果。在放映幻灯片时，这两个对象会分别按照新月和心电图的形状移动，使放映效果更加美观和个性。

📖 **选择更多的动作路径**

选中要添加自定义路径的对象，在"动画"选项卡下单击"动画"组中的快翻按钮，在展开的列表中单击"其他动作路径"按钮，打开"更改动作路径"对话框，选择需要的动作路径即可，如下图所示。

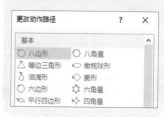

图6-8　更多的动作路径

## 6.2.2　合理安排幻灯片对象的动画开始时间

为了更好地在放映时进行讲解，需要把文字的动画顺序调整为跟讲解的顺序一致；为了让页面空间尽可能简洁，也可只在页面上显示当前讲解的主题。与片头文字动画不同的是，要点说明文字动画应避免过于夸张和复杂，否则反而会分散观众的注意力。

如图 6-9 所示，该幻灯片中的三个文本框对象添加了相同的"浮入"动画效果，且动画效果顺序被设置为同时开始。在放映幻灯片时，这三个对象会同时显示出来，没有先后顺序。

**使用动画刷**

选择应用了动画的对象，在"动画"选项卡下单击"高级动画"组中的"动画刷"按钮，如下图所示。单击要应用该动画的其他对象即可。

图 6-9　多个对象设置了相同动画效果的幻灯片

将幻灯片中三个对象的动画开始时间都设置为"从上一项之后开始"，添加的动画顺序编号会由 1 变为 0，如图 6-10 所示。

**设置动画的开始时间**

在"动画窗格"中右击动画，在弹出的快捷菜单中单击"从上一项之后开始"命令，如下图所示。

图 6-10　设置开始时间后的动画效果

动画与声效，让演示文稿声形并茂

放映幻灯片，可看到该幻灯片中的三个对象会依次显示出来，观众可对该幻灯片内容的主次有一个大概的认识，如图 6-11 所示。

📖 设置动画的持续时间

在"动画"选项卡下"计时"组中的"持续时间"和"延迟"文本框中可设置选中对象的动画持续时间和延迟时间，如下图所示。

图 6-11 动画预览效果

除了能为文本框对象添加动画效果外，还能为图片添加动画效果。图 6-12 为给幻灯片中的图片和文本框应用动画后的效果。

📖 拖动更改动画的持续时间

在"动画窗格"窗格中将鼠标指针放置在动画持续时间条的右侧，按住鼠标左键拖动，如下图所示，即可更改动画的持续时间。

图 6-12 为图片和其他对象均应用动画的效果

图 6-13 为含有图片和文本框的幻灯片的动画预览效果。在预览前应设置好各个对象动画出现的先后顺序，这样在播放时才能让观众很直观地看到团队成员的姓名和职务。

図 6-13　含有图片的幻灯片的动画预览效果

如图 6-14 所示，幻灯片中的文本框对象设置了动画播放后变色的效果，在放映时可以明显发现，正在播放的动画对象还未变色，而其他播放完的已经变色了。

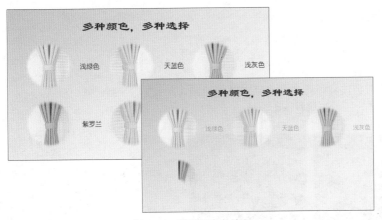

图 6-14　播放后变色效果

## 删除动画效果

在"动画窗格"窗格中右击要删除的动画，在弹出的快捷菜单中单击"删除"命令，如下图所示。

## 设置播放后变色效果

在"动画窗格"窗格中右击要设置的动画，在弹出的快捷菜单中单击"效果选项"命令，打开对话框，单击"动画播放后"下拉列表框右侧的下拉按钮，在展开的列表中单击要变换的颜色，如下图所示，完成后单击"确定"按钮。

## 6.2.3　为片尾文字动画划上完美句号

片尾通常是演示文稿的最后一张幻灯片，一般会包括"谢谢观赏"和"制作人员名单"等内容。最常见的片尾动画就是模仿电影结束时的字幕动画，当然，您可以结合演讲的主题制作出更加精彩的片尾动画。

如图 6-15 所示，为幻灯片中"THANKS"文本框对象应用了字幕式的动画效果，在放映时，该对象会从屏幕下方飞入，然后从上方消失，就像电影字幕效果一样。

图 6-15　字幕式的动画效果

除了可以为幻灯片中的对象直接应用字幕式的动画效果，还可以手动添加能够实现字幕式效果的动画。如图 6-16 所示，为幻灯片中的文本框对象添加了"飞入"和"飞出"的动画效果，放映幻灯片时，可以发现文本框对象会由下方进入，在上方消失。

此外，如果想要让观众看清对象内容，可在两个动画效果之间设置合适的延迟时间。这样，对象会在中间位置停留一段时间。

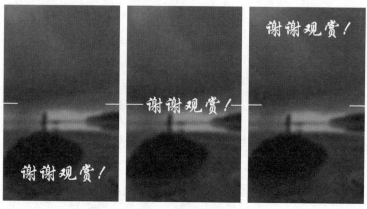

图 6-16　类似于"字幕式"的动画效果

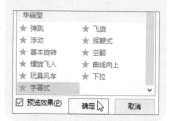

如果想让文本框中的文本内容逐个出现，可将动画文本从整批发送更改为按字／词发送或者按字母发送。图 6-17 所示为设置文本按字母发送后的播放效果。

图 6-17 文本对象按字母发送的动画效果

## 6.3 精彩转场——幻灯片的切换设计

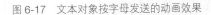

在演示文稿放映过程中，由一张幻灯片进入另一张幻灯片就是幻灯片之间的切换。为了使演示过程更具有趣味性，可以使用不同的技巧和效果来进行幻灯片切换。PowerPoint 提供了丰富的页面切换效果，您只需要单击鼠标，就可将这些切换效果应用于幻灯片中。

如图 6-18 所示，该幻灯片应用了"形状"的切换效果，幻灯片将从中心以圆形的方式向四周扩展。此切换效果在一定程度上可聚焦观众的视线。

图 6-18 "形状"切换效果

📖 选择页面切换效果

在"切换"选项卡下单击"切换到此幻灯片"组中的快翻按钮，在展开的列表中单击需要应用的样式即可，如下图所示。

当然，为幻灯片应用了切换效果后，还可以更改切换的效果选项，如图 6-19 所示，将切换的圆形更改为了菱形。在实际工作中，用户也可根据实际需要设置合适的切换形状。

图 6-19 菱形切换效果

📖 设置"形状"效果选项

当选择"形状"切换效果时，默认的切换形状为"圆"。您可以更改切换的形状，在"切换"选项卡下单击"切换到此幻灯片"组中的"效果选项"按钮，如下图所示，在展开的列表中单击需要的形状选项。

如图 6-20 所示，当应用了"门"切换效果时，上一张幻灯片中的画面会从中间断开，像推开的两扇门一样，然后从"门"里逐渐放大显示下一张幻灯片的页面内容。

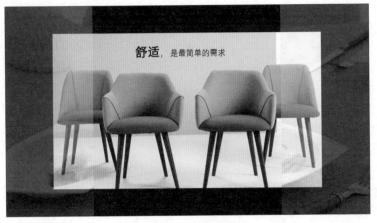

图 6-20　"门"切换效果

如图 6-21 所示，当应用了"时钟"切换效果时，上一页幻灯片会以时钟的走向消失，而下一页幻灯片也会以时钟的走向显示出来。这样在动态切换的同时，也更加生动、美观。

图 6-21　"时钟"切换效果

**📖 设置"门"效果选项**

一般应用了"门"切换效果后，默认以垂直的方式切换，如果要更改方向，可单击"效果选项"按钮，如下图所示，在展开的列表中单击"水平"选项。

**📖 设置切换效果持续时间**

在"切换"选项卡下单击"计时"组中的"持续时间"右侧的数值调节按钮，也可以直接在调节框中输入需要的时间值，如下图所示。

如图 6-22 所示，此幻灯片采用的切换效果为"旋转"，在放映时可以看到，两张幻灯片在切换时会得到一个绚丽的立体切换效果。

图 6-22　"旋转"切换效果

更改幻灯片切换效果为"轨道"效果，其也会像图 6-22 一样拥有绚丽的 3D 效果，只不过方向不同而已，如图 6-23 所示。

图 6-23　"轨道"切换效果

📖 **设置自动换片时间**

在"切换"选项卡下的"计时"组中勾选"设置自动换片时间"复选框，然后单击右侧的数值调节按钮设置具体的自动换片时间即可，如下图所示。

📖 **为全部幻灯片应用相同的切换效果**

在"切换"选项卡下单击"计时"组中的"全部应用"按钮，如下图所示，即可为全部幻灯片应用相同的切换效果。

# 6.4 优美旋律——为演示文稿添加音乐

在演示文稿中设置了动画以后，再适当配以优美的背景音乐，可以让观众身心更愉悦，让他们不由自主地被演示文稿展示的内容吸引。

观众在欣赏企业的新产品图片时，眼球享受着一场视觉盛宴，如果再配上优美的旋律，去触动听觉，可以使观众的身心更愉悦，从而加深对产品的印象。

如图 6-24 所示，在幻灯片中插入了一个音频文件，此时幻灯片上会显示一个音频图标。

图 6-24 插入音频文件

📖 插入音频文件

在"插入"选项卡下单击"媒体"组中的"音频"按钮，在展开的列表中单击"PC 上的音频"选项，如右图所示。随后选择要插入的音频文件。

如图 6-25 所示，单击音频图标下方的播放进度条中的"播放 / 暂停"按钮，即可以开始播放音乐。

图 6-25　播放背景音乐文件

设置音频的音量级别

选中音频图标，在"音频工具 - 播放"选项卡下的"音频选项"组中单击"音量"按钮，如下图所示，在展开的列表中单击要调整至的音量选项。

如果要剪裁掉部分音乐，则可在"音频工具 - 播放"选项卡下的"编辑"组中单击"剪裁音频"按钮，打开"剪裁音频"对话框，如图 6-26 所示，在对话框中的音频持续时间条上按住鼠标左键不放拖动即可。

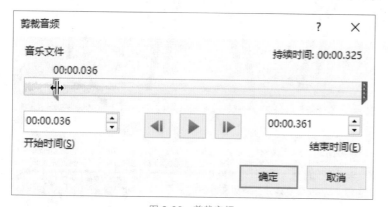

图 6-26　剪裁音频

放映时隐藏音频图标

如果要在放映幻灯片时隐藏音频图标，可在"音频工具 - 播放"选项卡下的"音频选项"组中勾选"放映时隐藏"复选框，如下图所示。

# 6.5 动态图片——为演示文稿添加视频

在演示文稿中，除了可以配上优美的音乐，还可以插入视频文件，从而使整个演示文稿显得更加生动形象。

图 6-27 所示为在幻灯片中插入了视频文件的效果。当未播放该视频文件时，其会默认显示第一帧视频画面。

图 6-27　插入视频文件的效果

📖 插入视频文件

在"插入"选项卡下单击"媒体"组中的"视频"按钮，在展开的列表中单击"PC 上的视频"选项，如右图所示，然后选择要插入的视频文件。

如图 6-28 所示，在播放视频时，单击播放条上要快速查看的时间点，即可看到该时间点对应的视频效果。

图 6-28　快速查看指定时间点的视频效果

如果用户对视频的预览图像，即未播放时的外观图片不满意，可通过标牌框架功能进行更改。图 6-29 即为视频文件更改预览图像后的效果。

图 6-29　更改视频文件的预览图像

**播放视频后返回开头**

如果想要在播放完视频后自动返回开头，可在"视频工具 - 播放"选项卡下的"视频选项"组中勾选"播完返回开头"复选框，如下图所示。

**更改视频的标牌框架**

在"视频工具 - 格式"选项卡下单击"调整"组中的"标牌框架"按钮，在展开的列表中单击"文件中的图像"选项，如下图所示，然后选择要应用的图像。

如果某部分视频不需要，可将其剪裁掉，图 6-30 所示为将前面一部分的视频剪裁后的播放效果。

图 6-30　剪裁掉部分视频后的播放效果

📖 剪裁视频文件

在"视频工具 - 播放"选项卡下单击"编辑"组中的"剪裁视频"按钮，打开"剪裁视频"对话框，在对话框中拖动视频持续时间条上的绿色滑块，可设置视频从指定时间点开始播放，如右图所示；拖动红色滑块则可设置视频在指定时间点结束播放。

# 第 7 章

# 配色，
## 让演示文稿多姿多彩

人类生活在一个色彩缤纷的世界，颜色是人的视觉最敏感的东西，所以颜色也是信息表达最有效的工具之一。在演示文稿的设计中，选择适当的颜色可以增强演示效果，有效地感染观众的情绪，从而促进演示活动的成功。

颜色的搭配是一门学问，而且它的应用也非常广泛，覆盖我们日常生活的方方面面，如穿衣配色、家居装修配色及平面设计配色，等等。所以，如何配色不是几页内容就可以讲清楚的，但知识总是一点一滴积累起来的，日积月累，您就会成为一名配色高手。

# 了解颜色

## 7.1

颜色是通过眼、脑产生的一种对光的视觉效应，而光可以分解为红（R）、绿（G）、蓝（B）三种基本色光，通过混合这三种基本色光就可以调出许多其他颜色。Office 软件主要采用 RGB 颜色模式，此外还有一种 HSL（色调、饱和度、亮度）颜色模式。

如图 7-1 所示，PowerPoint 中默认的颜色模式为 RGB 颜色模式，打开"颜色"对话框后，只需要分别设置"红色""绿色""蓝色"的参数值就可以得到需要的颜色，也可直接在"颜色"选项组下的区域中单击鼠标选取。

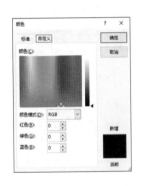

图 7-1　RGB 颜色模式

如图 7-2 所示，在"颜色"对话框中设置"颜色模式"为"HSL"，即将颜色模式更改为 HSL 模式，此时它的三个参数变为"色调""饱和度""亮度"，对应颜色的三个属性。

### 📖 RGB颜色模式解析

在计算机的 RGB 颜色模式中，RGB 的"多少"就是指亮度，并用整数表示。256 级的 RGB 颜色可组合出约 1678 万种颜色，通常也被简称为 1600 万色、千万色或 24 位色。RGB 颜色模式是显示器的物理颜色模式，这意味着无论在软件中使用何种颜色模式，显示器上的图像都始终以 RGB 模式出现。

### 📖 HSL颜色模式解析

HSL 颜色模式下颜色的 3 个基本属性是色调（Hue）、饱和度（Saturation）、亮度（Light）。饱和度高的颜色艳丽，饱和度低的颜色接近灰色。亮度高的颜色明亮，亮度低的颜色暗淡，亮度最高为纯白，最低为纯黑。浅色的饱和度较低，亮度较高；深色的饱和度较高，亮度较低。

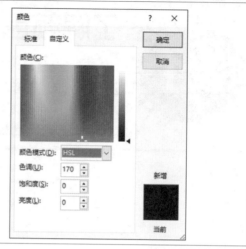

图 7-2　HSL 颜色模式

## 常见的配色方案

**7.2**

  在演示文稿设计中，什么样的颜色搭配才是最好的呢？实际上，并没有万能的现成配色方案。只要是符合颜色运用的基本规律，能够强调和突出演示文稿的内容和主题，并得到大部分观众喜爱的配色方案，就是最佳的配色方案。

  在实际应用中，最为常见的配色方案有黑白灰无彩色设计方案、颜色相近的类比设计方案、颜色相对的对比设计方案、颜色互补的互补设计方案，以及同一颜色不同明暗的单色设计方案和原色设计方案等，在此基础上可以衍生出更多、更好的颜色搭配方法。

### 7.2.1　黑白灰无彩色设计

  只用黑色、白色和灰色的颜色搭配称为无彩色设计，通常用于庄重、严谨或怀旧风格的演示文稿，一般适用于比较严肃、怀旧或悲情的展示场合。但因为无彩色设计趋向于整体氛围的烘托而弱化了颜色对视觉的影响，不能营造出具有活力的画面效果，所以在使用过程中比较难以把握。

如图 7-3 所示，该幻灯片使用了无彩色设计方案。在制作这类演示文稿时，您可以直接选择一张无彩色的图片作为背景，然后在页面中输入白色的文字。白色的文字在黑色的背景中显得更加突出。

图 7-3　无彩色配色方案 I

如图 7-4 所示，这一张幻灯片也使用了无彩色设计方案，并在幻灯片中插入了白色框线和白色文本内容，使得画面具有一种庄重、淡雅的文艺气息。

图 7-4　无彩色配色方案 II

**将彩色图片设置为灰色**

如果实在找不到无彩色图片，也可以在 PowerPoint 中将彩色图片设置为灰度模式，如下图所示，另存为图片后，再用作幻灯片背景。

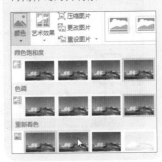

**压缩图片**

图片会大幅增加演示文稿的文件大小。用户可以通过压缩文件中的图片来缩小文件。在"图片工具 - 格式"选项卡下单击"调整"组中的"压缩图片"按钮，打开"压缩图片"对话框，单击"电子邮件"单选按钮，再单击"确定"按钮，如下图所示。

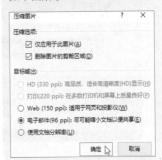

第 7 章

如图 7-5 所示，该幻灯片的左侧插入了一张无彩色图片，右侧则保留了白色的背景填充色，在该背景上插入了文本框并输入了黑色的文本内容，达到了一种冷寂和怀旧的效果。

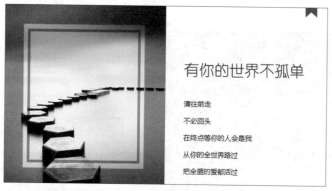

图 7-5　无彩色配色方案 Ⅲ

📖 隐藏幻灯片中的图形或图片

选中背景图片后，在"开始"选项卡下单击"编辑"组中的"选择"按钮，在展开的列表中单击"选择窗格"选项，打开"选择"窗格，单击要隐藏的图片右侧代表隐藏功能的按钮，如下图所示。

## 7.2.2　类比设计

类比设计是指在色相环上任选三种连续的颜色或其任一明色和暗色搭配出来的效果。这类设计一般用于体现文稿的整体和谐与一致，而不在于突出其中的个体元素，但又比无彩色设计多一些颜色变幻的效果。

如图 7-6 所示，该幻灯片主要使用了橙色类比设计，烘托出温暖、愉快和幸福的氛围。不同层次的橙色在不影响画面丰富性的同时，还能使幻灯片整体颜色平衡、和谐，具有较高的融合性和协调性。

📖 什么叫色相

色相，也叫色调，指颜色的种类和名称，是颜色的一个基本特征，也是一种颜色区别于其他颜色的关键因素。色相与颜色的强弱及明暗没有关系，只是纯粹表示颜色相貌的差异，如红、黄、绿、蓝、紫为不同的基本色相。

图 7-6　相邻类比设计

如图 7-7 所示，该幻灯片主要使用了绿色的类比设计，底色、图片和文字共同烘托出了一种生机盎然的气息。

图 7-7　同色类比设计

常见的类比颜色搭配

　　在下图的色相环中任选三种连续的颜色，可构成一种类比配色设计，在选择时需要结合要表达的主题内容。

## 7.2.3　对比设计

　　把一种颜色和它的补色左边或右边的颜色配合起来，就可以形成对比设计，该设计是采用冲突性较强的色相进行配色，如红色与蓝色、紫色与橙色等。该配色方式对比强烈且色感强，与类比设计相比更加鲜明、饱满，容易给人带来兴奋激动的快感。在实际工作中，对比设计通常用于在演示文稿中表达意思完全相反的两种观点，并重点突出其中的一些信息。

　　如图 7-8 所示，该幻灯片充分利用了橙色和紫色这两种对比鲜明的色相，由于这两种色相差异较大，放在一起时效果突出，能产生丰富的视觉效果，并能体现出跳跃和强烈的主题效果，更加鲜明地突出了该幻灯片的主题"如何提高创造力"。

图 7-8　紫色和橙色的对比设计

紫色与橙色形成对比

　　紫色与黄色互为补色，所以，紫色与黄色相邻的橙色可形成对比设计，如下图所示。

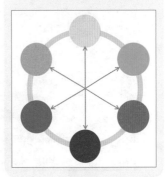

第 7 章

如图 7-9 所示，该幻灯片的背景使用了绿色，在绿色背景上还绘制了一个浅绿色的形状，并添加了紫色的文本内容，如此既保持了整个画面的和谐统一，也更加直观、形象和明确地突出了文本内容。

📖 选择不同纯度的颜色

打开"颜色"对话框，在"标准"选项卡下的"颜色"选项组中可选择合适的颜色，如下图所示。

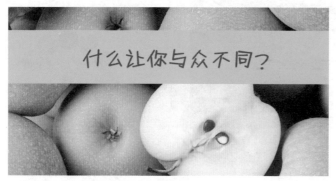

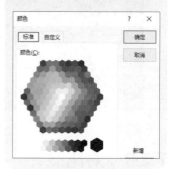

图 7-9　绿色和紫色的对比设计

## 7.2.4　互补设计

在色相环上相对的颜色互为补色，例如，红色与绿色，蓝色与橙色，黄色与紫色。使用补色的优点在于对比鲜明，有较强的视觉冲击力，给人以活跃、积极和兴奋等鲜明的视觉感受。可以说，互补配色是产生视觉平衡最好的颜色组合方式，但在实际操作中需把握好各种颜色的应用面积。

如图 7-10 所示，该幻灯片使用了红色与绿色的互补设计，且两种颜色的色域面积相等，使对比关系显得势均力敌，既给人以很强的视觉冲击，又呈现出一种紧张感和平衡感。

📖 将图片转换为SmartArt图形

选中图片，在"图片工具 - 格式"选项卡下单击"图片样式"组中的"图片版式"按钮，在展开的列表中选择需要的图形版式，如下图所示。

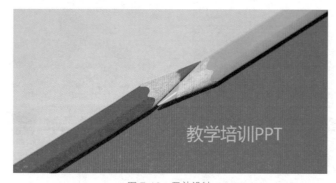

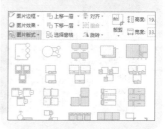

图 7-10　互补设计

## 7.2.5 原色设计

原色设计是指将纯三原色，即红、绿、蓝三种颜色放在同一个页面之中，这种颜色搭配比较大胆，对比鲜明，视觉冲击力极强。但这种设计的视觉效果会比较混乱，给人无主次之分的感觉，实际应用较少。但如果本来就是用来表现大胆、叛逆、前卫或张扬的个性等主题时，可以大胆使用。在使用时，三原色可以同时出现，也可以使用其中的任意两种进行搭配。并且，还需要注意颜色的使用面积，即使是原色设计，也需要选择一种原色作为主题色，其他原色作为辅助色。

如图 7-11 所示，一个页面同时使用了代表热情的红色、代表活泼的绿色和代表冷静的蓝色，而且这三种原色的纯度都比较高，色相对比也很强烈，表达了一种强烈的纯色概念。因为三原色无法形成柔和的色调，这样便具有了一种初始的、本源的视觉效果。

图 7-11　原色设计

# 从网页设计中学习颜色搭配

**7.3**

颜色搭配是一个很复杂的问题。要用好色，配好色并分清幻灯片中所要表达的主次内容，需要幻灯片设计人员的潜心研究。如果平时注意观察，就会发现网页设计中的颜色搭配非常讲究，只要多留心，从网页设计中就可以学习配色。

通常，网页设计师们为了使网页整体画面呈现稳定协调的感觉，会将颜色按视觉主次位置分为以下几种角色。

★ 主色调

页面颜色的主要色调、总趋势，其他的颜色不能超过主色调的视觉面积。但如果使用白色的背景，则背景不一定要根据视觉面积来决定，可以根据页面设计需要而定。

★ 辅色调

视觉面积仅次于主色调的辅助色，用于烘托并支持主色调，起融合主色调效果，通常可以有一至二种颜色。

★ 点睛色

在小范围内应用强烈的颜色来突出主题效果，使页面更加鲜明生动。

★ 背景色

衬托环抱整体色调，起协调、支配整体的作用。

同样的道理，在演示文稿的配色中，也可以有颜色角色的概念。一个页面的颜色角色主要是根据面积的多少来区别主次关系。切忌一个页面颜色使用过多，面积大小过于琐碎，这样整个页面会显得过于花哨且主次不分，无法突出中心思想。

如图 7-12 所示，该幻灯片借鉴了某网页的设计理念。其中，为了让插入的图片与背景色更加契合，为图片设计了圆形的外观样式；此外还使用了素雅的灰色作为主色调和背景色，这样既突出了图片内容，还让图片与背景搭配得更加和谐、自然；最后用黑色和白色的字体作为辅助，让观众能够很清楚地掌握该幻灯片所要表达的主要内容。

> 📖 **如何安排颜色角色**
>
> 为演示文稿设计配色时，应根据主题内容和所要表达的中心思想，按照确定的颜色角色把握视觉面积，点睛色一定是使用最少、最醒目的，然后结合颜色的冷暖特性、亮度及纯度合理搭配。遵循这条原则，相信设计好演示文稿的配色一定不是什么问题。

图 7-12　借鉴网页设计中的配色方式的设计

图 7-13 所示的幻灯片是根据某网购平台上某款手机的销售页面仿造设计的。该幻灯片直观展示了手机的正反面，并使用了与产品相同的颜色作为背景色，非常恰当且和谐地突出了主角——产品本身。然后使用了深红色的大字体表明本产品的主要特征，同时使用了其他文字内容对该产品进行辅助说明。

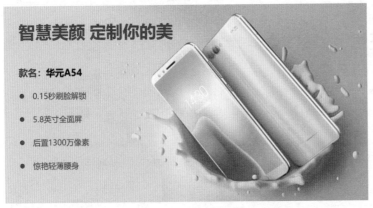

图 7-13　使用与产品颜色相同的颜色作为背景色

# 颜色灵感始于情感

颜色是与人的感觉（主要是外在的刺激）和人的知觉（记忆、联想及对比等）联系在一起的，对颜色的感觉体现出的是一种情感，颜色的情感往往存在于对颜色的知觉中。但每个人对颜色的感觉是有差异的，通常还受到国家、宗教、文化及爱好等诸多因素的影响。

常见的颜色在通常情况下所代表的情感如下：

★ 灰色调让人感觉平稳、踏实，适宜长时间观看，但也容易显得压抑；

★ 明亮的颜色，如红色、黄色等使人的心情愉悦，但不宜长时间观看，否则容易烦躁；

★ 与女性相关的主题，通常会选择粉色、绿色、桃红色和黄色等；

★ 与男性相关的主题，通常使用较庄重、硬朗的颜色，如黑色、棕色或蓝色；

★ 与环保相关的主题，通常使用绿色、蓝色及翠绿色等干净明快的浅色系，并且多数使用类比设计；

★ 与庆祝、祝贺相关的代表高兴与积极等主题的，通常可选择红色或橙色等温暖的颜色。

除此之外，颜色的使用有时也有大胆突破常规的表现手法，关键是选择颜色时必须要结合主题，明白所要表现的是何种情感。

# 7.4.1　颜色具有象征性

颜色具有很强的象征性，如一年的四个季节可以用不同的颜色来表现：一般春天会使用代表希望的绿色或代表梦幻的粉色来表达；夏天一般会使用代表清爽的绿色或代表纯净大海的蓝色来表达；秋天则一般会使用代表丰收的黄色来表达；冬天就常常会使用代表纯洁和冰雪的白色来表达。

如图 7-14 所示的幻灯片使用了一张繁花盛开的图片作为背景，图片中的花朵为粉色调，无需多余的文字，即可让观众感受到鸟语花香的美好春天景象。

图 7-14　使用粉色调的花朵背景图片表现春天

**怎样寻找恰当的图片**

在创建文字较少或全图型的演示文稿时，找到与主题相关联的图片就非常重要。而要找到与主题相关联的图片，首先就需要分析幻灯片的主题内容，明白需要什么图片；随后要学会联想并发散思维，比如，由"大气"可以联想到"山川""海洋""星空"，由"专业"联想到"制服"，由"健康"联想到"水果"，等等；最后，还需要了解合适的图片素材如何寻找，这里建议从一些正规网站上获取。

"夏天到了"，看到这句话，您的脑海中会浮现怎样的情景呢？也许是满塘荷叶的浓绿和娇媚荷花的淡粉，也许是海边沙滩被夕阳染上的金黄，总之，可以联想到很多。如图 7-15 所示，该幻灯片就选择了蓝天碧海的背景图片来表现夏天。

图 7-15　使用蓝天碧海的背景图片表现夏天

如图 7-16 所示，即使没有文字，单看这一张含有黄色草地和树叶的幻灯片，如果用一个词来描绘，肯定与秋天有关，因为金黄就是秋天的颜色。

图 7-16　使用黄色背景图片表现秋天

介绍一个图片搜索引擎

对于初级的用户，也许利用"百度"等常规的搜索引擎也能找到合适的图片。但随着您对图片的质量要求越来越高，还有哪些方法可以找到高质量的图片呢？

www.everystockphoto.com 是一个专门搜索免费图片的网站，目前从中可搜索上百万张图片，而且还可以免费成为会员，对图片进行点评等。

提供免费图片的网站

利用图片本身的颜色来烘托主题是最简单的配色方案，但同时也是最难以把握的，其对图片的要求较高，必须找到能恰到好处地表现主题的图片。这里介绍几个提供免费图片的网站：

www.freeimages.com
www.fotolia.com

第 7 章

如图 7-17 所示，该幻灯片使用了一张以白色为主的雪景图片来代表冬天。

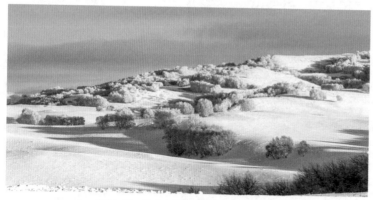

图 7-17 使用白色的雪景图片表现冬天

**颜色的象征性还有哪些？**

颜色除了可以象征四季外，还可以象征职业。例如，火警（119）的颜色为橘红色，医疗卫生的颜色为白色，邮政的颜色为墨绿色等。

只要平时多注意观察，多积累，演示文稿的创意点子就会越来越多，颜色的知识就会更丰富，颜色的运用也就会更得心应手了。

## 7.4.2 颜色的心理情感

颜色有心理情感吗？当然有。不同的颜色，具有不同的心理情感。就算是相同的颜色，在不同的情形下，也会带给人不一样的视觉效果和心理感受。正因为颜色情感表现的多样性，才让我们的生活变得丰富多彩，充满新意。

白色是亮度最高的颜色，适用于表现单纯、醒目和干净等主题。如图 7-18 所示，该幻灯片使用白色作为背景，黑色文本作为点睛，既突出了文本内容的简约，也体现了其本身所要表达的简洁明快的主题。

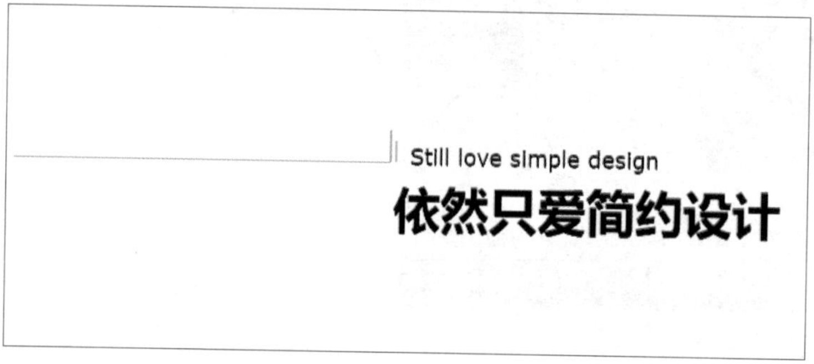

Still love simple design
依然只爱简约设计

图 7-18 简洁明快的白色

**解读白色的心理语言**

白色往往使人联想到冰雪、白云及棉花等，给人以光明、质朴、纯真、轻快、恬静、整洁、雅致、凉爽和卫生的感觉。其象征着和平与神圣，且简洁、明快，富有现代感。当白色与各种鲜艳的颜色组合在一起时，往往能起到引人注目的效果。

白色是一种中立的颜色，常常被用作页面的背景色，印刷品中也是如此。

黑色对人的心理既有积极影响，也有消极影响。积极方面表现在它能使人感觉到安静、深思和庄重；消极方面表现在它能使人体会到恐惧、阴森和悲痛等情感。如图 7-19 所示的幻灯片使用黑色作为背景，传递了一种庄重之感，使用白色文本作为点睛，突出了主题内容。

图 7-19　富有庄重感的黑色

灰色是一种具有纤细和柔和气质的颜色。因为灰色不具有抢眼的特性，常适合作为背景色和过渡色，但也常在画面中单独存在，以营造一种高雅、古朴且有质感的风格。如图 7-20 所示，本张幻灯片使用了大片的灰色调，既有深灰，也有浅灰，带给观众一种沉稳的感觉。

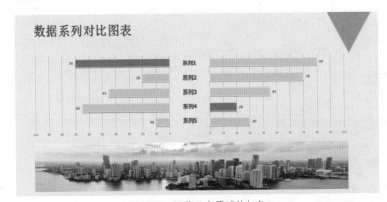

图 7-20　沉稳且有质感的灰色

第7章

📖 解读黑色的心理语言

黑色代表神秘、黑暗且暗藏力量。它可将光线全部吸收，让其没有任何反射。黑色是一种具有多种不同文化意义的颜色，是一种很强大的颜色。它可以很庄重和高雅，也可以突显其他颜色。在只使用黑色而不用其他颜色的时候，会给人一种沉重的感觉。

黑色和白色的搭配，是永远都不会过时的。

📖 解读灰色的心理语言

灰色是介于黑和白之间的一系列颜色，可以大致分为深灰色和浅灰色。

灰色有些暗抑的美，比不了黑色和白色的纯粹，却也不似黑色和白色的单一，有点单纯，有点寂寞，有点空灵，让人捉摸不定；它奔跑于黑白之间，是常变的，善变的。

中性色的灰色在设计中给人的感觉是沉稳，可以让其他颜色或装饰更加突出。

绿色是大自然中最常见的一种颜色，通常情况下被看做生命与活力的象征，常用于环保主题的设计中。如图 7-21 所示，幻灯片的背景图片以绿色为主色调，直观展示环保主题，并且主题文本内容也是绿色，图文结合，直观地传递了"保护环境，呵护地球"这一理想和希望。

图 7-21　代表理想和希望的绿色

蓝色是所有色系中最能给人清爽感的一类颜色。如图 7-22 所示，幻灯片使用淡蓝色的图片作为背景，并配以深蓝色文本"11 个用药常识，避免用药误区"，表达出一种淡定、冷静的情感，从而让观众能够更加注意本幻灯片要重点讲解的内容。

图 7-22　冷静且理智的蓝色

紫色既蕴含红色的热情与奔放，又包含蓝色的冷静与深邃，它在代表尊贵和优雅的同时，还能给人以一种神秘感。如图7-23所示，虽然幻灯片的页面背景色是灰色，但这样能突出紫色的衣服，最后用白色作为文字的颜色，从整体上进一步突出了"优雅"的味道！

图 7-23　优美且雅致的紫色

红色是所有色系中最为浓烈和饱和的一种颜色，具有很高的感知度，很容易给人带来视觉上的冲击。如图7-24所示，该幻灯片中的红色带给人一种无法抵挡的热情，配上图片中的产品性质，还有一种性感的味道。可见，一种颜色的心理语言有时也有多种，需要根据演示文稿的主题进行选择。

图 7-24　象征热情和性感的红色

📖 解读紫色的心理语言

紫色是由温暖的红色和冷静的蓝色调和而成的，具有较强的视觉刺激效果。紫色分为深紫色、晶紫色、红紫色、黑紫色和淡紫色等。不同程度的紫色有不同的心理含义，比如淡紫色象征着优雅、高贵和魅力等。

紫色在西方是领导阶层、尊重和财富的象征；而在日本，紫色却代表悲伤。所以，在运用颜色时，还应与当地的风俗和文化背景相结合。

📖 解读红色的心理语言

红色通常象征热情、性感、权威和自信，是种能量充沛的颜色，不过有时候也会给人以血腥、暴力、忌妒、控制欲和危险等印象，容易给人造成心理压力。

在演示文稿中，如果要表现高涨的热情，可以使用大面积的红色；但如果要警示危险，则不宜大面积使用红色，否则容易引起心理压力，造成反感。

黄色是所有色系中比较明亮的一类，它就像初升的太阳，给予人们光明和希望。如果想要在幻灯片中展现具有活力和希望的情感，可使用明亮的黄色。如图 7-25 所示，该幻灯片使用了大片的黄色，直观表达出了活力。

图 7-25　象征活力的黄色

📖 解读黄色的心理语言

　　黄色是所有色系中最能发光的颜色，给人以充满活力的印象，而且黄色常常代表阳光，被认为是一种快乐和有希望的颜色。在设计中使用黄色可以给人以轻快、透明、辉煌和充满希望的印象。

# 第 8 章

## 主题，
## 让演示文稿更协调

在实际应用中，单页的演示文稿非常少见，一般商务型演示文稿长达几十页，少则几页，如何才能让一份演示文稿更加专业，整体协调性更强呢？实际上有很多地方需要统一进行设置，例如，幻灯片的整体配色、页面背景及文字格式等。使用主题，可以在短时间内快速协调演示文稿的外观，使您的演示文稿锦上添花！

# 8.1 让文稿唱出美妙的歌——应用主题

为演示文稿应用主题不仅可以让演示文稿的展示效果更加简洁、生动、与众不同，还可以迅速提升演示文稿形象。此外，应用了主题的演示文稿在处理图表、文字、图片等内容上更加方便，在提高工作效率方面非常有用。

## 8.1.1 什么是主题

演示文稿中通常包含背景颜色、字体格式、布局和图形效果等诸多元素，如果逐个进行设置需要花很多时间，此时可以通过主题功能快速设置演示文稿的整体外观效果。主题是 PowerPoint 软件自带的根据美学规则做好的设计搭配方案，用户可以直接套用。

如图 8-1 所示为本演示文稿中应用的主题样式，以及 PowerPoint 软件内置的部分主题样式。如果用户自定义了主题，则会显示在"自定义"区域。

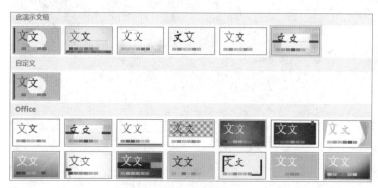

图 8-1 自定义主题和内置主题

**📖 更改演示文稿的主题**

在"设计"选项卡下单击"主题"组中的快翻按钮，在展开的列表中单击要应用的主题样式，如下图所示。

## 8.1.2 不要混淆主题与模板

PowerPoint 模板是后缀名为 .potx 的文件，这类文件中通常存放了一页或一组幻灯片的设计样式。模板可以包含版式、主题（包括主题颜色、主题字体和主题效果）及背景样式，甚至还可以包含内容。

如图 8-2 所示，幻灯片中使用分离射线图更直观地表达了主题与模板的区别，从图中可以清晰地看出，主题只是模板中的一个元素。关于模板的更多知识将在第 9 章进行讲解。

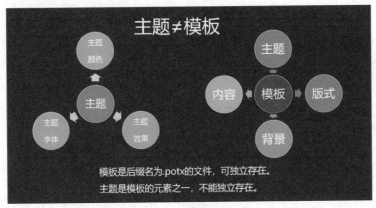

图 8-2　主题与模板的区别

📖 插入分离射线图

在 PowerPoint 中，在"插入"选项卡下单击"插图"组中的"SmartArt"按钮，打开"选择SmartArt图形"对话框，单击"分离射线"图示，如下图所示。

## 8.1.3　不同的主题，不同的视觉效果

同一张幻灯片，应用不同的主题，它会显示出不同的视觉效果。在 PowerPoint 中，实时预览功能可以让您在应用某一主题之前先预览应用后的效果，避免了不必要的频繁修改。

如图 8-3 所示，当前幻灯片应用的主题为创建演示文稿时的默认主题"Office 主题"，该主题比较简洁、平淡，在不需要特别突出显示某些内容时，可以使用该主题效果。

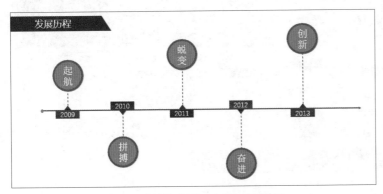

图 8-3　默认的"Office 主题"应用效果

📖 将主题库添加到快速访问工具栏

在"设计"选项卡下的"主题"组中右击任意主题，在弹出的快捷菜单中单击"将库添加到快速访问工具栏"命令，如下图所示，即可将主题功能放置在快速访问工具栏上。

当鼠标指针指向"所有主题"列表框中的"徽章"主题时，幻灯片的预览效果如图 8-4 所示。在使用该主题效果时，页面中的装饰图形使得幻灯片具有一定的活泼感。

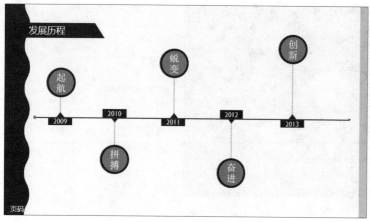

图 8-4　"徽章"主题的应用效果

当鼠标指针指向"内置"分组中的"库"主题时，幻灯片的效果如图 8-5 所示。幻灯片的页面背景发生了改变，颜色加深一些，使得该幻灯片的效果更加沉稳、庄重。

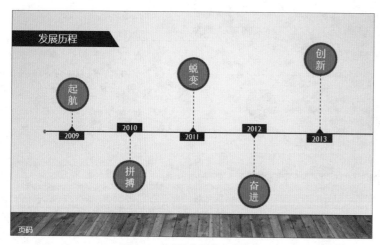

图 8-5　"库"主题的应用效果

同样地，当为幻灯片应用"水滴"主题时，幻灯片的效果如图 8-6 所示。幻灯片的背景为一张带有水滴的图片，使该幻灯片显得更加生动、活泼和动感。

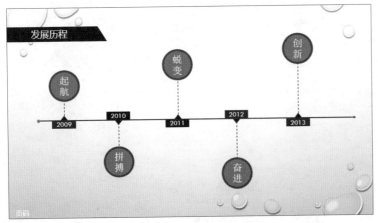

图 8-6 "水滴"主题的应用效果

# 8.2 主题颜色、字体和效果的设计

主题颜色用于决定幻灯片中文本、背景和图示等对象的颜色，能够对演示文稿的外观进行显著的更改。此外，对演示文稿的字体和效果进行更改和重新设计，也能够实现演示文稿外观的改变。

如果当前演示文稿所选主题的字体颜色并不符合实际需求，那么可以对主题的颜色进行适当调整以得到最佳的演示文稿。如果您总把握不准演示文稿应使用哪些字体或哪种效果来搭配，那么主题字体和主题效果也完全可以帮助您。主题颜色、字体和效果是一种美观且安全的设计选择，因为已经由专业的设计师搭配好，您只需要应用到自己的演示文稿中即可。

## 8.2.1 不同的主题颜色，不同的外观

和对空白幻灯片应用不同主题颜色所不同的是，对已有内容的幻灯片应用主题颜色时，只会改变幻灯片中对象的颜色，其他的格式，如字体，则不会发生任何变化。

更改主题颜色的方法与更改主题的方法类似，也同样支持实时预览功能，只需要将鼠标指针指向主题颜色，即可显示更改颜色后的效果。

如图 8-7 所示，这是一页应用默认 Office 主题颜色的幻灯片。该幻灯片朴实简约，但缺乏吸引力，并不能快速使人抓住重点。

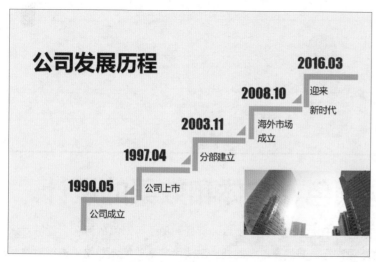

图 8-7　默认主题颜色的幻灯片效果

📖 查看主题颜色库

在"设计"选项卡下单击"变体"组中的快翻按钮，在展开的列表中单击"颜色"，展开的级联列表中会显示 Office 的主题颜色，如下图所示。

如图 8-8 所示为应用"绿色"主题颜色后的幻灯片效果，可以看到从背景颜色到 SmartArt 图形的填充颜色，全部都自动更改了。该主题颜色突出了 SmartArt 图形的填充颜色，使得观众的注意力一开始就会集中在 SmartArt 图形上，从而快速关注公司发展历程。

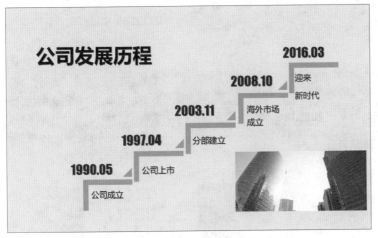

图 8-8 "绿色"主题颜色效果

📖 将主题颜色应用于幻灯片

右击要应用的主题颜色，在弹出的快捷菜单中可以选择"应用于所有幻灯片"或"应用于所选幻灯片"命令，如下图所示。

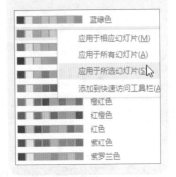

如图 8-9 所示的幻灯片应用了"红橙色"主题颜色，可发现背景颜色和 SmartArt 图形的填充颜色也都相应更改。该主题颜色和图 8-8 所示的主题颜色都能够将观众的注意力吸引到公司的具体发展历程上。

📖 快速恢复为默认主题颜色

更改幻灯片的主题颜色后，如果想恢复到幻灯片默认的主题颜色，请在"颜色"的级联列表中单击"重设幻灯片主题颜色"选项，如下图所示。

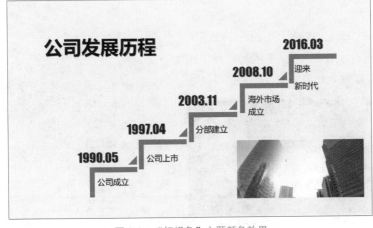

图 8-9 "红橙色"主题颜色效果

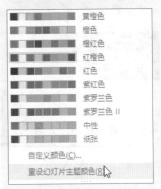

第 8 章

图 8-10 所示为应用自定义主题颜色的幻灯片效果。该主题颜色使用了亮丽醒目的红色和青绿色，能够使观众快速将注意力集中于要突出的文本内容上。

**自定义主题颜色**

　　当"颜色"库中的颜色不能满足您的需要时，您可以自定义主题颜色。在"颜色"级联列表中单击"自定义颜色"选项，打开"新建主题颜色"对话框，然后依次设置 12 个项目的颜色，如下图所示。

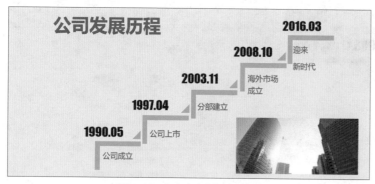

图 8-10　自定义主题颜色效果

## 8.2.2　主题字体快速成就专业文档设计师

　　专业的文档设计师都知道，对整个文档使用一种字体始终是一种美观且安全的设计选择。当需要营造对比效果时，小心地使用两种字体是最好的选择。每个 Office 主题均定义了两种字体，一种用于标题，另一种用于正文。

　　图 8-11 所示为应用主题字体后的幻灯片效果。幻灯片中使用了与宋体类似的方正姚体，但更偏瘦长，结合了黑体的刚劲、扁平和宋体的规整、简洁，显得粗壮、有力，呈现出鲜明的"美术字"风格。

**设置主题字体**

　　在"设计"选项卡下单击"变体"组中的快翻按钮，在展开的列表中单击"字体"选项，在级联列表中单击要应用的主题字体，如下图所示。

图 8-11　应用主题字体"方正姚体"

和主题及主题颜色不同的是，将主题字体应用于指定的幻灯片，更改当前幻灯片的主题字体时，相同主题的所有幻灯片的主题字体将一并更改。图 8-12 所示为自定义主题字体后的效果。在该幻灯片中，自定义的字体为"幼圆"，该字体的笔画更加细长，其在笔画拐弯处处理尤为细腻，更易于阅读。

图 8-12　自定义主题字体的效果

**自定义主题字体**

在"字体"列表中单击"自定义字体"选项，打开"新建主题字体"对话框，设置相应的字体，如右图所示。

## 8.2.3　主题效果快速更改图形对象外观

主题效果指定如何将效果应用于图表、SmartArt 图形、形状、图片、表格、艺术字和文本。通过使用主题效果库，可以快速更改这些对象的外观。与主题、主题颜色和字体不同的是，主题效果不允许自己创建，用户只能在主题效果库中选择要使用的效果。

通常，当您为演示文稿更改主题后，系统会自动应用与之匹配的主题效果，例如，默认的主题为"Office 主题"，该主题默认的效果为"Office"效果。但是，仁者见仁，智者见智，别人认为是最好的，也许在您看来却并不满意，因此，在每一种主题下，您都可以重新选择自己喜欢的主题效果。

为幻灯片应用"离子"主题后，更改主题效果为"乳白玻璃"后的幻灯片效果如图 8-13 所示。

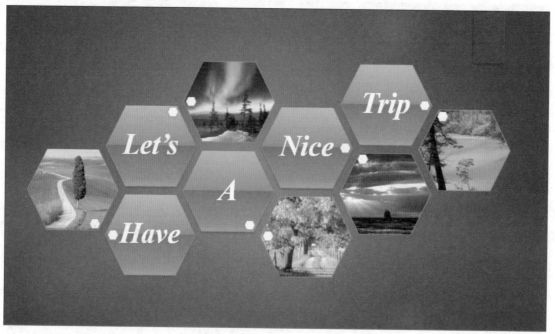

图 8-13　更改主题效果后的幻灯片效果

### 设置默认的主题效果

在"设计"选项卡下单击"变体"组中的快翻按钮，在展开的列表中单击"效果"选项，在级联列表中单击要应用的主题效果，如右图所示。

# 第 9 章

## 版面设计，
## 成就专业的演示文稿

演示文稿的设计离不开版面设计，仅仅运用 PowerPoint 软件中的内置版式是达不到演示文稿设计要求的。版面设计，又可以称为版式设计，是平面设计中的一大分支，主要指运用造型要素及形式原理，按照一定的要求对版面内的文字、图形图像、表格和色块等要素进行编排，并以视觉方式艺术地表达出来，使观众直观地感受到要传递的信息。如何使幻灯片页面更有效地传递主题思想？怎样才能使幻灯片具有更大的视觉冲击力？本章就来一一揭开其中的奥秘。

# 变幻的基础——内置的经典版式

## 9.1

演示文稿中的版式设计说简单也不简单，说难也不难。难在于没有最好的，只有更好的；简单在于微软已经将常见的幻灯片页面版式呈现在您的面前，您可以很轻松地掌握这些常见版式的运用。本章就从最简单的内置版式入手，带您一同去体会演示文稿中的版式设计。

如图 9-1 所示，这是演示文稿中常见的"标题幻灯片"版式。"单击此处添加标题"的标题占位符位于页面上方，标题占位符使用了大字号的文字进行了强调，其下方的是副标题占位符。一般标题幻灯片的设计都比较简单，但视觉冲击力很强，常常应用于演示文稿的第一张幻灯片。

📖 **主题对于版式的影响**

无论使用哪一种主题，PowerPoint 中的内置版式种类都是固定的，主题不会影响版式本身，只是应用不同的主题，所呈现出来的版式的外观会有所不同。本例应用的为"环保"主题，如下图所示。

图 9-1　"标题幻灯片"版式

如图 9-2 所示，这种版式也是最为常见的"标题和内容"版式。标题在内容的上方，内容文本使用项目符号来组织。仔细观察可见，标题会居中对齐，而内容会左对齐，并且与幻灯片左侧边缘有一定距离。该版式的幻灯片常常用于展示演示文稿的文本、图片及表格等内容。

图9-2 "标题和内容"版式

如果需要制作层次结构比较清晰的演示文稿，除了标题幻灯片以外，通常在每节还需要节标题幻灯片，用于放置小节的标题及简短的相关文本内容，便于观众更清晰地把握整个演示文稿的结构，不易产生混乱感。

图9-3所示为经典的"节标题"版式，由标题和副标题组成，页面非常简洁。

图9-3 "节标题"版式

📖 **更改版式**

如果要更改当前幻灯片的版式，可以在"开始"选项卡中的"幻灯片"组中单击"版式"按钮。如下图所示，在展开的列表中单击合适的版式，即可将当前幻灯片的版式更改为所选版式。

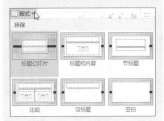

📖 **关于占位符**

演示文稿中的占位符有些类似于文本框，但也不完全相同，它是演示文稿页面中的一种元素，是系统自动创建的。您只需要单击占位符，然后输入相应的文字，其会按已经设置好的占位符格式来显示，如下图所示。

有时候需要在一张幻灯片上排列两栏内容，类似于 Word 中的分栏效果，这时就可以使用 PowerPoint 中的"两栏内容"版式。

如图 9-4 所示，在"两栏内容"版式中，标题下方的内容被分为两栏，用户可以添加相应的文字、表格、图像和图形等。

新建指定版式的幻灯片

如果要在演示文稿里新建指定版式的幻灯片，在"幻灯片"组中单击"新建幻灯片"下三角按钮，如下图所示，在展开的列表中选择需要的版式。

图9-4 "两栏内容"版式

如果要并列比较两个对象，可以使用"比较"版式，如图 9-5 所示。乍看上去"比较"版式与"两栏内容"版式有些类似，二者的区别在于"比较"版式中多了两个文本占位符，用于简明指出各自的不同点。

在幻灯片中添加指定内容

当需要在幻灯片中添加内容时，可以单击内容占位符中相应的图标。例如，要插入图表，就单击内容占位符中的"插入图表"按钮，如下图所示。

图9-5 "比较"版式

有时候，幻灯片的空间需要更自由一些，除了在页面添加标题外，其余都需要自由发挥时，就可以使用"仅标题"版式。该版式中，只有一个标题占位符，用来输入标题，其余空间任由您自由发挥，如图 9-6 所示。

图 9-6  "仅标题"版式

如果您只想要一张白纸，让思绪更自由地发挥，那么"空白"版式就可以满足您的要求，如图 9-7 所示。

图 9-7  "空白"版式

📖 移动占位符

当用默认的方式新建幻灯片时，标题或内容文本占位符都是按系统默认的位置显示的。如果需要移动，请先选中占位符，然后按住鼠标左键将其拖动到想要移动到的目标位置后，如下图所示，释放鼠标左键。

📖 调整占位符的大小

您还可以更改占位符的大小。首先选中占位符，将鼠标指针置于四周的圆形控点上，按住鼠标左键向外拖动可增大占位符，反之，向内拖动可缩小占位符，如下图所示。需要注意的是，随着占位符大小的改变，占位符中的文本字号也会进行相应的缩放。

第9章

再来看看内置版式中的"内容与标题"版式，如图9-8所示。与"标题和内容"版式相比，"内容与标题"版式只是在"内容"栏左侧增加了一个文本占位符。当您的内容为图形对象时，如果还需添加一定的文字说明，该版式就可发挥它的作用了。

图 9-8　"内容与标题"版式

如图9-9所示，当演示文稿中需要插入图片和图片描述时，不妨使用这种"图片与标题"版式，简洁而美观。图片在页面的右侧，标题和文本内容之间采用了简单的分隔线，增强了演示文稿的可读性。

图 9-9　"图片与标题"版式

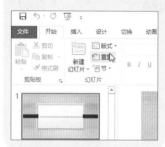

有的时候，需要将演示文稿中的文本竖排显示，这时就可以使用"标题和竖排文字"版式，如图9-10所示。

图9-10 "标题和竖排文字"版式

如果您希望幻灯片页面的标题也按竖排文本显示，那么就需要将版式更改为"竖排标题与文本"版式，如图9-11所示，标题和内容均为竖排文本格式。在设计中国传统文化主题演示文稿时，如古诗词等，使用这种版式可以给人一种更真实的古典感。

图9-11 "竖排标题与文本"版式

📖 设置幻灯片页面大小

在"设计"选项卡下单击"幻灯片大小"按钮，在展开的列表中单击"自定义幻灯片大小"选项，在打开的"幻灯片大小"对话框中的"幻灯片大小"下拉列表框中选择适当的大小，如下图所示。

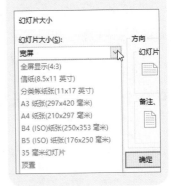

📖 设置幻灯片页面方向

幻灯片默认的方向为"横向"，您也可以根据需要，将其更改为"纵向"。在"幻灯片大小"对话框中的"方向"选项组下单击"纵向"单选按钮，如下图所示。

# 9.2 创意是灵魂——版面也需要艺术化

在实际工作中，制作演示文稿需要根据主题和内容对版面进行创意设计，让版面更好地为主题服务，让整个演示文稿变得鲜活起来，摆脱生硬、一成不变且让人乏味的条条框框。

这里将演示文稿按照内容归纳为三种类型：第一种是文字型演示文稿，它的主角是文字；第二种是图文混排型演示文稿，它的主角可以是文字，也可以是图片，或者二者兼而有之，是实际工作中最为常见的一种类型；第三种是全图型演示文稿，以图片为主角，或有极少的说明文字。

## 9.2.1 文字型演示文稿的版面设计

在文字型演示文稿中，文字是版面的主体，图片或图形仅仅是点缀。在这种类型的演示文稿中，设计重点是加强文字本身的感染力，使字体更易于阅读，图片和图形起锦上添花的作用。

前面介绍了概念的图示化表达，在遇到文字较多的演示文稿时，我们一般先考虑能不能将文字转化为图形，能转则转，对于不能转的，在安排版面时就需要慎重了。

如图 9-12 所示，这是一张典型的文字型幻灯片，内容为"盖洛普 Q12 要求"。传统上，我们习惯将文本设置为左对齐或首行缩进 2 字符，这里使用了文本右对齐，给人一种新鲜、眼前一亮的感觉！

图 9-12 右对齐段落版式

**将段落设置为右对齐**

单击要设置文本对齐的文本框或形状对象，然后在"开始"选项卡下单击"段落"组中的"右对齐"按钮，如下图所示。

对于包含多个版块的文字版面安排，还有一种常见版式就是将每个版块分为单独的文字块，可以使用文本框或形状来实现。如图9-13所示，使用了红色图形和白色字体来强调代表版块的英文缩写，将每个版块的概括文字使用了大字号和加粗字体进行强调。在将文字分块叙述时，需要注意文字块之间的对齐和分布，尽量使版面美观整洁。

图 9-13　文字段落分块版式

图9-14所示是将文字按步骤进行分块叙述的版式，这种版式使用了形象的图形和数字来点缀每个步骤。在使用这种版式时，需要注意图形或图片必须与文字内容相契合。

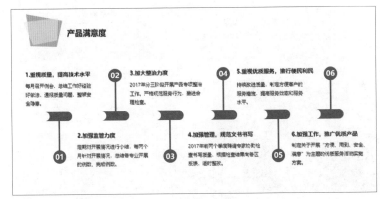

图 9-14　使用图形和数字分组文字块版式

**添加项目符号**

如果一个文本框中有多列文本内容，可添加项目符号清晰展现各列结构。在"开始"选项卡下单击"段落"组中的"项目符号"按钮，如下图所示，在展开的列表中选择要添加的项目符号。

**巧妙使用图形和数字展示阅读的顺序**

在图9-14所示的文字版式中，即使不为每个步骤添加序号，也能够引导观众按照我们希望的顺序一步一步读下去。但是添加了图形和数字后，既能够更加清晰地展示该幻灯片中的内容结构，又能够对该幻灯片的画面起到点缀作用。

## 9.2.2 图文混排型演示文稿的版面设计

图文混排型演示文稿是实际工作中最为常见的类型，它的版面变化也是最多的，这里归纳了常见的几种版面。

图文混排型演示文稿的版面设计技巧就是将文本中的关键字图示化，其余文本以注释或说明的方式出现，如图9-15所示。

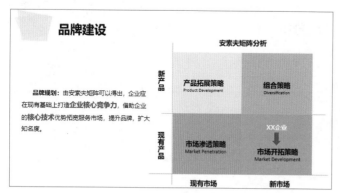

图 9-15　文本图示化版式

左文右图是常见的图文混排的版式之一，左边给出介绍文字，右边展示相应的图片，如图9-16所示。至于各个部分所占面积，则根据实际的重点来划分。此外，在该幻灯片中的图片上方和文字下方添加了一个填充了颜色的半透明图形，使得该幻灯片的效果更具有独特的个性。

图 9-16　左文右图型版式

📖 将线条转换为双箭头

如果要在幻灯片中插入双箭头形状，可在插入线条后，在"绘图工具-格式"选项卡下的"形状样式"组中单击快翻按钮，在展开的列表中选择双箭头样式即可，如下图所示。

📖 为形状设置棱台效果

在"绘图工具-格式"选项卡下的"形状样式"组中单击"形状效果"按钮，在展开的列表中单击"棱台"选项，如下图所示，在级联列表中选择棱台效果即可。

如图9-17所示，同样为左文右图的幻灯片，与图9-16不同的是，此处的幻灯片中还插入了形状，即文本、形状和图片相结合，让该幻灯片既不单调也不累赘。

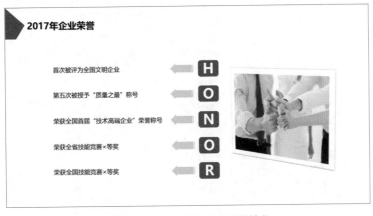

图 9-17　突出图的左文右图型版式

同样地，如果您希望文字出现在右边，那么就把图片移到幻灯片的左边，如图9-18所示。同左文右图的幻灯片类似，页面的分割需根据实际的内容来调整，必须要有重点，突出文字或图片。此处的重点是文字，如果需要突出的重点是图片，只需增大图片所占据的区域，缩小文字所占据的区域即可。

图 9-18　左图右文型版式

📖 精确调整图片的位置

　　除了用鼠标拖动调整图片的位置，还可以在"图片工具 - 格式"选项卡下单击"大小"组中的对话框启动器，打开"设置图片格式"窗格，在"大小与属性"选项卡下设置"位置"，即可精确调整图片的位置，如下图所示。

📖 对齐对象

　　为了使版面看起来更整洁，可选中要对齐的对象，在"开始"选项卡下的"绘图"组中单击"排列"按钮，在展开的列表中单击"对齐"选项，如下图所示，在级联列表中选择对齐方式。

第9章

当在幻灯片中插入的图片数量比较多时，可以采用分行分列的方法排版。如图 9-19 所示，幻灯片将 4 张图片以交错的方式在中间绘制的形状上展示，第一列使用了上文下图的方式，而为了更好地协调版面和增加整体内容的可读性，下一列使用了与之相反的上图下文的方式，后面的列依次进行相反排列即可。

图 9-19　交错型版式

上文下图型的演示文稿也比较常见，如图 9-20 所示，幻灯片中即使用了上文下图的排列方式，且其中的图被转换为了 SmartArt 图形，用户可以在图形中输入要点概括或重点内容，使得整个版面显得非常整洁、干净。

图 9-20　上文下图型版式

如图 9-21 所示，有时需要将多个形状组合后，形成一张图片的效果进行展示。这种版式相比之前的图文混排型版式，显得更加随意和自由。

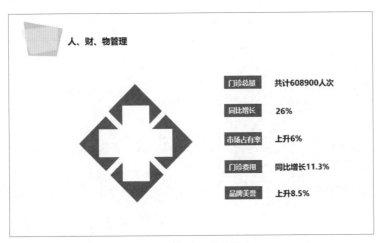

图 9-21　组合形状的版式

图文混排型版式除了可以使用形状和图片，还可以插入图表，并添加文字进行混合展示，如图 9-22 所示。

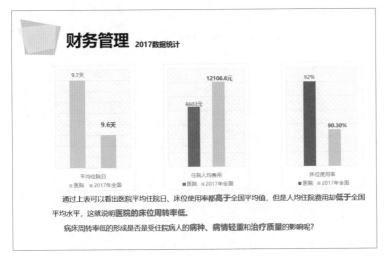

图 9-22　图表型版式

组合形状

使用【Ctrl】键选中多个形状，在"绘图工具 - 格式"选项卡下单击"排列"组中的"组合"按钮，在展开的列表中单击"组合"选项，如下图所示。

设置图表样式

选中图表，在"图表工具 - 设计"选项卡下单击"图表样式"组中的快翻按钮，在展开的列表中单击要应用的样式，如下图所示。

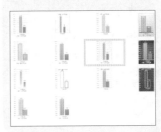

如图 9-23 所示，有时还需要在幻灯片中插入表格，以分列和分行的形式进行展示，使观众可以更加清晰、快速地掌握文本内容。

## 自媒体建设

2017年企业品牌推广活动投入及效果评估

| 活动 | 次数 | 金额 | 效果评估 |
|---|---|---|---|
| 学术活动 | 22次 | 520,000元 | 6分 |
| 慈善宣传活动 | 12次 | 280,000元 | 7分 |
| 讲座活动 | 27次 | 180,000元 | 6分 |
| 系列广告（平面、电视） | 两季度 | 1,800,000元 | 3分 |
| 新闻发布会 | 两次 | 500,000元 | 5分 |
| 客户体验 | 每月一次 | 80,000元 | 8分 |
| 梅奥Q+T项目 | 每月一次 | 15,000元 | 8.5分 |
| 总计 | | 3,375,000元 | 6.21分（均分） |

图 9-23　表格型版式

**在表格中添加行或列**

如果绘制的表格的行数和列数不足以输入文本内容，可在"表格工具 - 布局"选项卡下单击"行和列"组中相应的按钮来插入行或列，如下图所示。

## 9.2.3　全图型演示文稿的版面设计

全图型演示文稿的版面是最简单的，因为基本上不需要怎么设计，一张图片加上少量的文字就足以表达中心思想。全图型演示文稿的设计难点在于找到合适的图片。既然谈到了全图型演示文稿，那么这里就对此类风格的演示文稿进行简要的说明。

所谓"全图型演示文稿"是指整个页面由一张图片作为背景，配有少量文字的幻灯片。全图型演示文稿有以下优点：

★ 表现力非常强，视觉冲击力大；

★ 给予人的想象空间较多；

★ 简单易懂；

★ 可读性非常强。

但是，世上没有绝对的好东西，全图型演示文稿也有它的缺点：

★ 可书写文字的地方太少；

★ 适用场合非常有限，通常只适合用于演示，不太适合用于一般的商务报告（除了封面）；

★ 对图片素材的要求较高。

如图 9-24 所示，幻灯片所表达的观点为"书的一部分"，而背景采用了一张拥抱文字且与文字融合的图片，进一步突出了该幻灯片所要表达的主题。

图 9-24　全图型幻灯片 Ⅰ

幻灯片设计除了需要注意图片的选择外，输入的文本也需要注意。如图 9-25 所示的幻灯片选择一张小孩带有多个问号的图片作为背景，然后插入文本框并输入主题内容"带着问题去阅读"，很好地契合了图片。

图 9-25　全图型幻灯片 Ⅱ

📖 **图片的选择原则**

与您的主题紧密联系的图片绝对不止一张，选择最适合的、更好的那一张图片，将效果发挥到极致。图片的选择原则主要有以下三点：

第一，图片清晰，未变形；

第二，图片内容与主题相符合；

第三，图片与演示文稿整体风格统一。

📖 **设置文本轮廓**

如果要对文本框中的文本轮廓进行设置，可在选中文本后，使用"绘图工具 - 格式"选项卡下的"文本轮廓"按钮来更改，如下图所示。

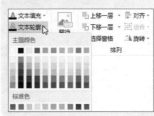

如图 9-26 所示，该幻灯片以一张含有书籍的图片作为背景，然后在左侧的空白处添加了与图片相吻合的内容"如何阅读一本书"，让观众在第一眼就知道本幻灯片要表达的内容。

图 9-26　全图型幻灯片Ⅲ

如图 9-27 所示，为了表达主题内容"还在等什么"，使用了一张奔跑的图片，充分表现了主题内容。

图 9-27　全图型幻灯片Ⅳ

全图型幻灯片中文字位置

　　全图型幻灯片中的文字位置，主要取决于文字的用途。如果是标题，则应该放在页面靠上的位置，并设置为比较醒目的格式；如果文字是对图片的说明和补充，则放在图片的左下方或右下方，可结合具体的图片进行安排。总之，文字要能够让人看得清楚，但同时不能遮挡图片中的关键信息和重要位置。

更改文本颜色

　　如果幻灯片中的文本不能在背景图片上突出显示，可使用"绘图工具 - 格式"选项卡下的"文本填充"按钮来更改文本颜色。

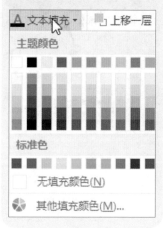

如图 9-28 所示，该幻灯片中的文本是在一个形状中输入的，且形状的填充颜色和文本的颜色对比明显，用户可以很清楚地看到文本内容，此外，幻灯片中背景图片的人物视线，也很容易引导观众注意文本内容。

图 9-28　在形状中添加文本内容

在商务报告类型的演示文稿中，全图型版式最常出现的地方，可能就是封面了。如图 9-29 所示，选择一张与主题内容吻合的图片，作为幻灯片的背景，然后输入标题文字内容。

图 9-29　封面幻灯片

📖 自定义形状的填充颜色

如果预设的形状填充颜色效果不理想，可在"绘图工具 - 格式"选项卡下单击"形状填充"右侧的下三角按钮，在展开的列表中单击"其他填充颜色"，在打开的"颜色"对话框中选择需要的颜色，如下图所示。

📖 为文字添加背景色

在背景颜色较深的图片上输入文字时，可以通过设置透明形状形成一个遮罩来提高文字的可读性。在"设置形状格式"窗格中设置形状的填充颜色，然后拖动"透明度"滑块，如下图所示。

如图 9-30 所示，幻灯片极大的视觉冲击力可以让观众直观感受到运动的力量及青春的气息。

图 9-30　具有视觉冲击力的幻灯片

如图 9-31 所示，使用了接近黑色的背景和白色的文本内容，并插入了一张小图，与文字的颜色和内容相结合，感觉就像是在黑板上书写，使该幻灯片既简洁清晰，又具有极强的现实感。

图 9-31　大字配小图的幻灯片

📖 发挥最大的视觉冲击力

　　全图型演示文稿本来就比文字型演示文稿更具有视觉冲击力，要发挥更大的视觉冲击力，就取决于您所选择的图片。图片的选择过程是需要花费大量时间的，没有最好，只有更好。

📖 大字配小图

　　全图型演示文稿一般为大图配小字，不过有时候，用小图配大字反而会更加具有趣味性。但需要注意的是，这种类型的幻灯片中，文字不能太多，且不能摆得过于随意，不然页面会显得凌乱。

## 9.3 版面设计之技巧二三事

无论是学习还是工作，掌握一定的技巧可以让我们领悟得更快，提升得更高。在演示文稿的版面设计中，如何留白、如何强调内容更需要技巧。

### 9.3.1 留白的艺术

留白是印刷设计领域普遍存在的一个问题。著名的施乐公司在《施乐出版标准》中这样描述他们的设计原则："页面设计的主要目标是视觉认知和清楚易读。这些目标必须通过和谐的排印，有效地利用图画和空白空间，有节制地利用字行来完成……设计中，留出大量空白空间作为空白表现领域，使标题突出，大的图画得到视觉上的延伸。"

使页面上的内容能够有效地传递，是演示文稿设计的主要目标之一，合理地使用页面中的留白设计更有利于观众对内容的理解。

如图 9-32 所示的幻灯片选择了一张绿色系的代表性图片作为背景，主要给观众留下了一个关于"绿色"的印象，而不是其他颜色。背景图上方留出了约 1/4 页面的空白，用来放置标题，让人感觉画面更清新，有助于吸引观众继续看下去。

**设置背景的艺术效果**

在幻灯片编辑区中右击幻灯片，在弹出的快捷菜单中单击"设置背景格式"命令，打开"设置背景格式"窗格，切换至"效果"选项卡，单击"艺术效果"按钮，如下图所示，在展开的列表中选择艺术效果。

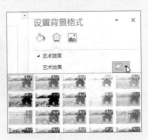

图 9-32　适当的留白让文本内容更清晰

如图9-33所示，该幻灯片将图片裁剪为一个"云形标注"的形状，然后在空白处输入了标题内容，无需多余的修饰，即可突出主要内容。

图 9-33　裁剪图片后的留白设计

如图 9-34 所示，在幻灯片中，以上下放置的两组彩铅图案为背景，两组图案中间有适当的留白，输入了与图案相吻合的文本内容，此外，还为文本设置了不同的颜色与彩铅图案相呼应，从而给人以一种整体和谐感。

图 9-34　图文混排型幻灯片的留白设计

**裁剪图片**

在"图片工具 - 格式"选项卡下单击"大小"组中的"裁剪"下三角按钮，在展开的列表中单击"裁剪为形状"，如下图所示，在级联列表中选择要裁剪为的形状。

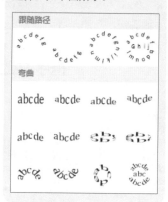

**设置文本弯曲效果**

文本框中的文本具有多种弯曲效果，您可根据实际需要选择，如下图所示。

如图 9-35 所示，幻灯片背景图片中的笔记本是空白的，正好可以使用透明的文本框把想表达的内容在空白处"写"出来，从而使幻灯片既生动又有趣。

图 9-35　将文字融入留白处的设计

第9章

📖 用文本框在图片上添加文字

　　插入文本框并输入文字，并适当调整文本框的角度，还可以对文本框中文字的颜色、大小和字号进行调整，如下图所示。

## 9.3.2　强调的效果

　　除了使用留白的效果来展示需要的文本内容，还可以通过增大字号、更改文本颜色及添加装饰线条来强调内容。

　　如图 9-36 所示，本幻灯片要突出"书"的重要性，所以为该字设置了特有的字号和颜色，且添加了生动形象的铜钱来补充说明"书中自有黄金屋"的主题内容。

📖 更改字体颜色突出重点

　　在"开始"选项卡下的"字体"组中单击"字体颜色"右侧的下三角按钮，在展开的列表中选择合适的颜色，如下图所示。

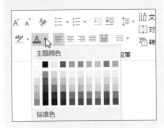

图 9-36　强调效果的幻灯片 I

如图 9-37 所示，幻灯片使用的背景图片突出了拼比的氛围，而为文本内容"现在"和"将来"设置了特有的颜色和字号，说明了拼比的内容是什么。此外，还在文字下方添加了一根线条，进一步强调了该幻灯片的主要内容。

图 9-37　强调效果的幻灯片 Ⅱ

📖 设置线条颜色

在"绘图工具 - 格式"选项卡下单击"形状样式"组中的"形状轮廓"按钮，在展开的列表中即可设置线条的颜色，如右图所示。

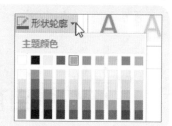

# 第 10 章

## 母版，
## 统一演示文稿的风格

通常，一份商务演示文稿不管页数多少，总有些元素或格式是共用的，如果一页一页地设置，就需要进行大量重复性的操作，而且一旦需要修改，工作量会大大增加。因此，在您完成一份演示文稿的设计构思之后，为了避免重复性的劳动，首先要做的不是创建第一张幻灯片，而是设计模板和母版。

通过模板，可以统一演示文稿的风格，如背景、字体格式、占位符的位置及大小、颜色等。如果每张幻灯片中要重复出现一些内容，如企业的徽标、名称等，可以将它们统一添加到幻灯片母版中。总之，正是因为有了模板和母版，人们才能更专注于真正的设计工作，而不必将精力花费在烦琐的重复劳动上。

# 10.1 模板和母版的概念

模板在 PowerPoint 中又被称为设计模板，是一个包含演示文稿样式的文件，这些样式包括背景格式、配色方案、幻灯片母版和可选的标题母版等。幻灯片母版是演示文稿中用来存储主题和幻灯片版式等信息的一系列格式设置的集合，该集合包含背景、配色方案、效果、占位符格式及位置等元素。

如图 10-1 所示，打开一个空白的演示文稿，单击"文件"按钮，在视图菜单中单击"新建"命令，在右侧的选项面板中将显示系统提供的内置样本模板，双击其中的任何一个模板，系统将基于该模板创建一份新的演示文稿。

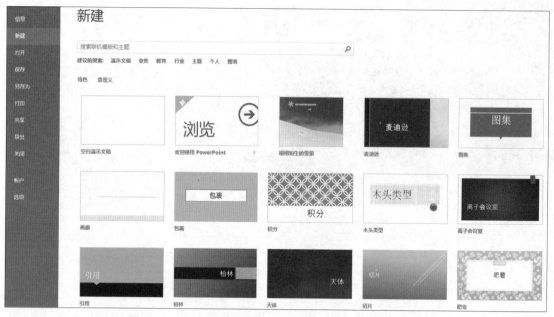

图 10-1　系统提供的样本模板

📖 将演示文稿另存为模板文件

制作好一个演示文稿后，执行"另存为"操作，在打开的"另存为"对话框中设置"保存类型"为"PowerPoint 模板（*.potx），单击"保存"按钮即可。

"健康与健身"模板是系统提供的一个免费模板，切换到幻灯片母版视图后，幻灯片的母版效果如图 10-2 所示。在幻灯片母版中，设置了幻灯片的背景格式、标题占位符、内容占位符及字体格式。该模板较多地采用了绿色，与"健康和健身"的主题紧密结合。

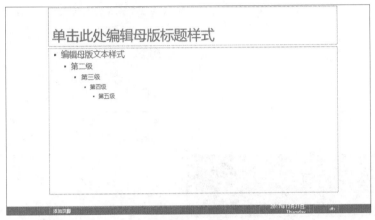

图 10-2　"健康与健身"模板的幻灯片母版

　　在母版视图下的缩略图窗格中单击"标题幻灯片版式"，即可切换至该幻灯片版式，如图 10-3 所示。在母版视图下，您可以编辑标题幻灯片的格式、设置背景、更改占位符或字体等，所有的更改都会体现在标题幻灯片中。

图 10-3　在母版视图下查看标题幻灯片版式

📖 如何切换到母版视图

　　对于任何一个演示文稿，您都可以切换到母版视图下去查看它的幻灯片母版。在"视图"选项卡下单击"母版视图"组中的"幻灯片母版"按钮，如下图所示，即可切换到母版视图。如需查看讲义母版或备注母版，请单击相应的按钮。

📖 保留未使用的母版

　　如果要保留某个母版，即使其在未被使用的情况下也能留在演示文稿中，可在"幻灯片母版"选项卡下单击"编辑母版"组中的"保留"按钮，如下图所示。

第 10 章

在母版视图下的缩略图窗格中单击"包含图片的标题幻灯片版式"，如图 10-4 所示。在母版视图下，您也可以编辑该幻灯片的格式、设置背景、更改占位符或字体等，所有的更改都会应用在该版式的幻灯片中。

图 10-4　在母版视图下查看包含图片的标题幻灯片版式

比较了模板和母版，现在您大概明白了它们之间的关系吧？模板和母版可以被理解为是一种包含与被包含的关系，说得通俗一些，模板好比是一座大楼，而母版好比是其中的某一层楼或某几层楼。图 10-5 所示的幻灯片使用图示进一步说明了模板和母版的关系。

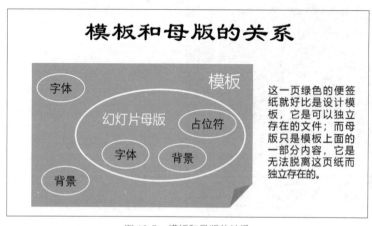

图 10-5　模板和母版的关系

📖 在母版视图中插入版式

　　如果要在母版下插入一个新的幻灯片版式，可在"幻灯片母版"选项卡下单击"编辑母版"组中的"插入版式"按钮，如下图所示。

📖 退出母版视图

　　当切换到母版视图后，PowerPoint 程序窗口会显示"幻灯片母版"选项卡，如果要退出母版视图，可以在该选项卡下单击"关闭"组中的"关闭母版视图"按钮，如下图所示。

# 10.2 在母版中使用主题统一风格

虽然可以在完成演示文稿的创建后再应用主题，但是从演示文稿创建的过程来讲，更提倡在设计模板的阶段就先确立演示文稿的主题，即在母版中使用主题比创建好演示文稿后再使用主题更科学合理。

图 10-6 所示为普通视图下的幻灯片效果。在该视图下可见，幻灯片使用了红色或其他不同于黑色的颜色对重点内容进行了突出显示，使观众能够快速了解该幻灯片的主要内容。

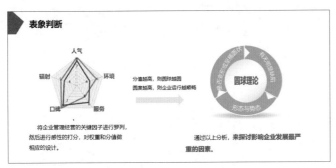

图 10-6　普通视图下的幻灯片

切换到母版视图后，您可以直接在"主题"列表中选择系统内置的主题来更改幻灯片母版的样式，将主题设置为"裁剪"后的幻灯片母版效果如图 10-7 所示。

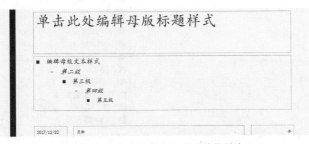

图 10-7　应用"裁剪"主题后的母版效果

📖 **主题的选择原则**

制作演示文稿时，除了要遵循美观性，可读性也很重要，所以，在为演示文稿应用主题时，尽量采用颜色丰富但不花哨的主题效果。

📖 **在母版视图中更改主题**

在"幻灯片母版"选项卡下单击"编辑主题"组中的"主题"按钮，如下图所示，在展开的列表中单击选择要设置的主题。

第10章

在母版视图下更改了主题后，当前演示文稿中应用了该母版版式的幻灯片都会使用该风格的主题。返回普通视图后，如图 10-8 所示，可看到本演示文稿中应用了该母版版式的幻灯片都应用了"裁剪"主题。此时幻灯片的背景颜色和图形的填充颜色都会相应改变。

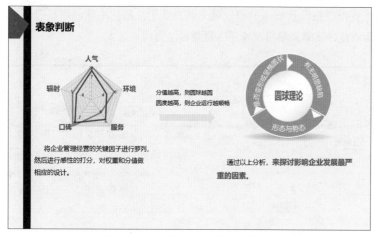

图 10-8　更改母版主题后的幻灯片效果

如果您不喜欢某个主题的颜色，很简单，可以直接修改幻灯片母版的颜色。图 10-9 所示为将"裁剪"主题幻灯片母版的颜色更改为"紫红色"后的幻灯片母版效果。

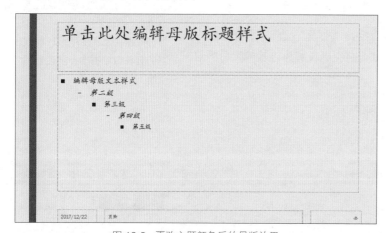

图 10-9　更改主题颜色后的母版效果

在母版视图中更改主题颜色后，当前演示文稿中应用该母版版式的幻灯片的颜色都会发生相应的变化。而返回普通视图后，可看到应用紫红色后的幻灯片效果，如图 10-10 所示。应用该主题后，幻灯片的整体效果更加庄重、深沉。

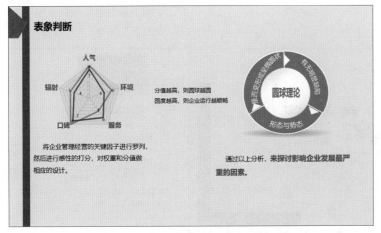

图 10-10　更改母版主题颜色后的幻灯片效果

如图 10-11 所示，幻灯片母版的字体更改为"Garamond"，标题占位符字体和内容占位符字体都更改为"方正舒体"。改变字体后，幻灯片母版的整体效果都变得更加活泼了。

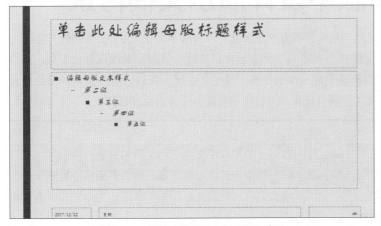

图 10-11　更改字体后的幻灯片母版效果

📖 查看当前被使用的版式

在幻灯片缩略图窗格中可以查看当前被使用的幻灯片版式。例如，将鼠标指针指向"标题和内容版式"，屏幕上会提示"由幻灯片××使用"，如下图所示。如果没有被使用，则会提示"任何幻灯片都不使用"。

📖 在母版视图中更改字体

如果不喜欢某个主题中的字体，您可以更改字体。在"背景"组中单击"字体"按钮，如下图所示，从展开的列表中选择字体。

在幻灯片母版中更改字体，是不是会和更改颜色一样，影响所有的版式呢？在缩略图窗格中单击"标题幻灯片版式"，此时可以看到标题和副标题的字体都更改为了"方正舒体"，如图 10-12 所示。当演示文稿要表达轻柔飘逸并非常有活力的主题内容时，可使用该字体。

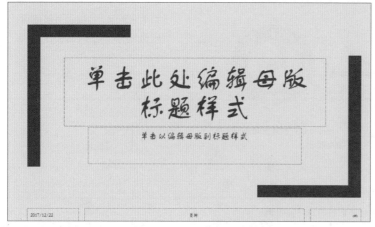

图 10-12　更改字体后的"标题幻灯片版式"效果

# 在母版中设计演示文稿背景

## 10.3

使用主题功能只需要几次单击就可以为演示文稿"穿"上专业的"套装"。但内置的主题总是有限的，而演示文稿是用来辅助呈现的视觉化工具，如果大家看到的都是千篇一律的外观，难免会生厌。所以，演示文稿中需要更多适合自身表达的新鲜元素，可以根据主题和内容自由设计背景。

您可以将自己喜欢的或是与演示文稿主题内容相关的图片设置为演示文稿的背景。通常可以在幻灯片母版视图中，通过设置幻灯片母版的背景来统一整个演示文稿的背景，然后再根据需要修改一些特殊版式的背景。这样，既可以统一演示文稿的整体风格，又避免了完全一致所带来的乏味。在创建具体的演示文稿时，只需要从版式库中添加所需版式的幻灯片就可以了。

新建一个空白演示文稿，在幻灯片母版视图中插入一个新的自定义设计方案的幻灯片母版，在缩略图窗格中，该幻灯片母版会显示数字 2，提示该母版是当前演示文稿的第 2 个幻灯片母版，然后您可以选择合适的图片作为新幻灯片母版的背景，如图 10-13 所示。

插入幻灯片母版

如果要插入一个新的母版，可以在"幻灯片母版"选项卡下单击"编辑母版"组中的"插入幻灯片母版"按钮，新建一个母版，如下图所示。

图 10-13　在幻灯片母版中添加背景

在幻灯片母版中添加背景后，同母版下所有版式的幻灯片中也添加了相同的背景，从而不必一张张地设置幻灯片背景，图 10-14 所示为在幻灯片母版中添加背景后，"两栏内容版式"的背景效果。

设置母版幻灯片背景

选中母版幻灯片，在幻灯片空白处右击，在弹出的快捷菜单中单击"设置背景格式"命令，打开"设置背景格式"窗格，选择相应的背景填充方式并设置相关选项，如下图所示。

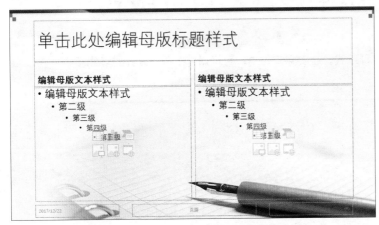

图 10-14　"两栏内容版式"的幻灯片背景

对于内容较多的"两栏内容版式"，若使用图片可能会影响页面的可读性，可以使用简单的渐变填充效果来设置页面背景，图10-15 所示为"两栏内容版式"的幻灯片添加渐变填充格式背景后的效果。

📖 **添加预设的渐变填充背景**

在"幻灯片母版"选项卡下单击"背景"组中的"背景样式"按钮，在展开的列表中单击要应用的渐变填充效果，如下图所示。

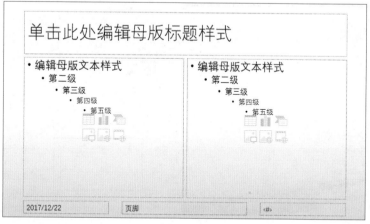

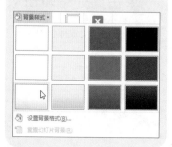

图 10-15　更改"两栏内容版式"幻灯片背景

# 10.4 在母版中设计幻灯片版式

当您在演示文稿中新建一个幻灯片母版时，系统会在该母版中自动添加内置的 11 种版式。在实际工作中，可根据需求自行设计幻灯片版式。

★ 标题幻灯片版式；

★ 标题和内容版式；

★ 节标题版式；

★ 两栏内容版式；

★ 比较版式；

★ 仅标题版式；

★ 空白版式；

★ 内容与标题版式；

★ 图片与标题版式；

★ 标题和竖排文字版式；

★ 竖排标题与文本版式。

实际上，除了上面的这些版式，您还可以根据工作需要，设计出更多更灵活的版式，下面让我们一起来探讨自定义幻灯片版式的设计吧！

默认的版式是非常简洁而经典的，但这种简洁的风格并不适用于所有的演示文稿，如果您希望幻灯片更亲切、活泼一些，那么您就可以对默认的版式进行大刀阔斧的改造。

图 10-16 所示为母版幻灯片删除位于下方的日期、幻灯片编号及页脚占位符后的效果。

📖 删除不需要的占位符

在"幻灯片母版"选项卡下单击"母版版式"组中的"母版版式"按钮，弹出"母版版式"对话框，取消勾选不需要的占位符复选框，如下图所示。

图 10-16　在母版幻灯片中删除不需要的占位符

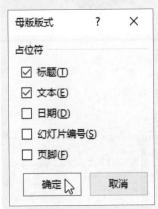

图 10-17 所示为在"空白版式"中添加"文字（竖排）"和"图片"占位符后的效果，退出母版视图后，在普通视图中插入该版式的幻灯片，其中将自动显示这两个占位符。

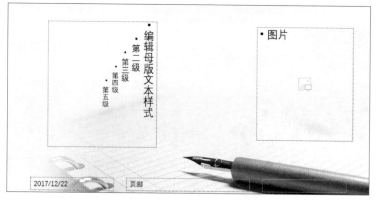

图 10-17　插入占位符的空白版式

### 插入占位符

在"幻灯片母版"选项卡下单击"母版版式"组中"插入占位符"右侧的下三角按钮，如下图所示，在展开的列表中单击要插入的占位符。

# 在母版中添加企业标志

## 10.5

在企业演示文稿中，通常需要在所有幻灯片的页面一角显示企业的徽标、名称，或者企业的口号、网址等信息，实际上，只需要将这些内容添加到幻灯片母版中便可以一劳永逸了。

如图 10-18 所示，将希望在每一张幻灯片中都出现的内容，如企业的徽标插入到了幻灯片母版中，省去了在每张幻灯片中插入徽标的操作，并可在一定程度上避免误删徽标的情况。

### 插入并移动徽标图片

用插入图片的方法将徽标图片插入到母版幻灯片中，然后将其移至幻灯片的右上角，如下图所示。

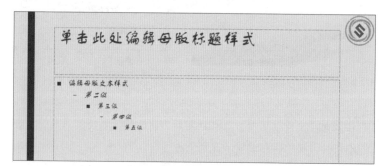

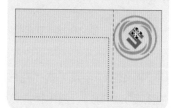

图 10-18　在幻灯片母版中插入徽标

当徽标被插入到幻灯片母版中后，当前演示文稿的所有幻灯片版式中都会出现新添加的徽标，图 10-19 所示为"标题幻灯片版式"中添加的徽标效果。

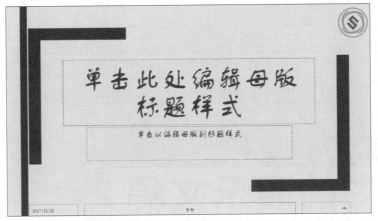

图 10-19　"标题幻灯片版式"中添加的徽标

退出母版视图后，返回到普通视图下，可看到添加了企业徽标后的幻灯片效果，如图 10-20 所示。

图 10-20　标题幻灯片中添加的徽标

📖 **其他版式幻灯片不能删除对象的原因**

　　在母版幻灯片中插入对象后，其他幻灯片版式中也会插入相同的对象，但是却不能删除插入的对象，也就是说，其他版式幻灯片中对象不能删除的原因是对象的插入是在幻灯片母版中进行的。

📖 **显示被隐藏的背景图形**

　　当在幻灯片母版中插入图片内容后，若发现某些幻灯片版式中看不到插入的图片，有可能是被隐藏了。切换至隐藏了图片的幻灯片版式中，在"幻灯片母版"选项卡下的"背景"组中取消勾选"隐藏背景图形"复选框，如下图所示，被隐藏的图片就会出现了。

# 第 11 章

# 演讲，
## 成就最精彩的演示文稿

学会了如何设计一份优秀的演示文稿后，还需学会如何利用演示文稿来辅助完成一场成功的演示。因此，仅拥有演示文稿的设计和制作能力是不够的，还需要学习一些演讲的方法和技巧。

# 11.1 谁才是演讲的主角

到底谁才是演讲的主角呢？是演讲者，还是演示文稿呢？虽然我们花费大量的精力去学习了如何设计优秀的演示文稿，但是最终的目的还是为了辅助演讲者开展一场成功的演讲。所以，请记住，演示文稿不是演讲的主角。

在实际工作中，经常会遇到这样的例子：一场演讲让观众看得瞠目结舌，大家的注意力都被演示文稿所吸引，根本没记住演讲的内容是什么，心里反复都在想一个问题，那就是没想到 PowerPoint 的功能竟然如此强大，更有甚者会直接来请教演讲者是如何制作出如此复杂的演示文稿的。所以，在演讲前，我们必须弄清一个问题，如图 11-1 所示，到底谁才是演讲的主角？

图 11-1　谁才是演讲的主角

### 📖 演示文稿在演讲中的作用

首先我们需要明白演示文稿在演讲中的重要作用是传递信息。演示文稿是演讲内容的一个简单而精确的框架，可以帮助演讲者减轻负担，也为观众提供了更简单的抓住演讲主要内容的方式。演示文稿在演讲中应该始终扮演着助手的角色，它的作用应该是辅助演讲者进行表达。

如图 11-2 所示，无论是何种类型的演讲，演讲者才是主角，演示文稿只是辅助的工具。

图 11-2　演讲者才是主角

**关于3D概念图示**

在制作演示文稿时，使用概念图示，既能起到视觉化传递信息的作用，还能增加一些诙谐、幽默的味道。您可以在专业的图片网站上下载 3D 概念图示，然后以图片的方式插入到演示文稿中，也可以将其作为页面的背景图。

# 不要重复这样糟糕的演讲

## 11.2

试着想象一下，比较糟糕的演讲都有哪些呢？台上的人讲得唾沫横飞，台下的人无精打采，更有甚者直接睡着了，这也许就是最糟糕的演讲了吧。演讲者不能埋怨观众，是因为演讲本身索然无味，不能牵动观众的神经，所以，责任还是在于演讲者本身。

如图 11-3 所示，见过太多这样无奈的场景，观众无精打采，居然打哈欠了。

图 11-3　糟糕的演讲

**背景图片的清晰度**

如图 11-3 所示，选择这样的照片作为演示文稿的背景，视觉效果和说服力都能够得到提升，但是需要注意图片的清晰度。如果图片尺寸较小，放大为背景时图片就会变得模糊，这样的图片就不适合作为背景。

如图 11-4 所示，常见的糟糕演讲有 3 种情况，分别是：照着演示文稿上的文字阅读；过于华丽的动画让人忽略了演讲的内容；演示文稿颜色过多，让幻灯片显得杂乱。

图 11-4　糟糕的演讲

也许您曾听过这样的演讲：演讲者使用的演示文稿足以说明他平时做事很认真仔细，足足 20 页的演示文稿，上面密密麻麻全是他辛辛苦苦找来的相关内容，在演讲时，他不愿意放过任何一个细节，从演示文稿的第一页一直读到最后一页。但是，这样的演讲能够吸引观众吗？如图 11-5 所示，没人喜欢大段的文字。

图 11-5　没人喜欢大段的文字

📖 用颜色强调重点

　　图 11-4 所示的幻灯片使用红色字体突出了每一种情况中的关键字，可以让观众更快地抓住主要内容。另外还需要注意，图片中的人物表情能够与主题相契合，可以起到视觉引导作用，这些技巧在前面介绍过，这里就不再重复了。

📖 演示文稿作为演讲的提纲

　　全文字的演示文稿演讲，不如说是一场演示文稿内容的"阅读课"更为恰当。但这样的演示文稿"阅读课"却在许多大大小小的演讲现场上演，所以您一定不会陌生。演讲结束后，可能许多观众连演讲的题目也难以记住。

　　演示文稿应该只是演讲的提纲和要点。在演讲时，演讲者要发挥演讲才能，针对每一张幻灯片的内容进行扩展，充分演好主角的戏份。

第 11 章

除了照本宣科式的演讲外，过于炫目的演示文稿动画也是导致演讲失败的一个常见因素。如图 11-6 所示，如果整页的幻灯片内容都像这样逐字飞入，只会让人眼花缭乱，观众会觉得您不过是在炫耀演示文稿动画制作能力，哗众取宠罢了。

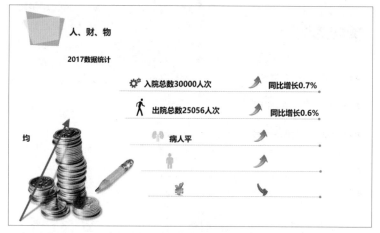

图 11-6　过炫的动画效果抢了风头

还有一种糟糕的演讲就是使用了颜色过多的演示文稿。如图 11-7 所示，在一张幻灯片中使用了太多颜色，完全就像是一个调色板，让人头昏眼花，分不清主次。

图 11-7　过多颜色组合的幻灯片

📖 华丽的动画会干扰演讲

这个问题在介绍动画设计时曾经反复提到过。对于用来辅助演讲的商务演示文稿，如果您实在难以把握动画的度，那么最简单的办法就是少用或干脆不用动画，在动画效果列表中单击"无"选项，如下图所示。

📖 过多的颜色分不清主次

许多初学演示文稿设计的人喜欢追求一些形式上的东西，要么添加很多动画，要么设置许多鲜艳的颜色。但是，从演讲的目的出发思考一下，如果是图 11-7 所示的演示文稿展现在您的面前，您还能够有耐心去仔细欣赏吗？也许您还没来得及看清楚上面的文字，就已经被这么多颜色弄花了眼睛。因此，请严格按照颜色搭配的原则来设计您的演示文稿。

# 明确演讲的目的

## 11.3

从宏观的角度来看，演讲的目的就是让观众与演讲者取得共识，使观众改变态度，或者激起观众的某个行动。商务演讲则有些不同，它不仅要达到演讲者的目的，更重要的是达到演讲组织者的目的，例如，希望通过演讲为企业带来一定的效益等。

如图 11-8 所示，我们应从 3 个不同的角度来明确演讲的目的——组织者的目的、观众的需求、自己的想法。

图 11-8　明确演讲的目的

📖 **放映方式**

在 PowerPoint 中，幻灯片的放映方式常见的有 4 种："从头开始""从当前幻灯片开始""联机演示""自定义幻灯片放映"。在"幻灯片放映"选项卡下单击"开始放映幻灯片"组中的放映类型按钮，如下图所示。

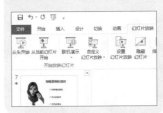

第11章

通常组织者都有哪些目的呢？这个问题在设计演示文稿前就应该了解清楚。图 11-9 所示的幻灯片中列举了组织者可能有的几个目的，也许是为了缩短会议的时间，也许是为了增强报告的说服力，也许是为了增加订单量。总之，演讲者必须明确地知道组织者的目的。

图 11-9　组织者的目的

　　了解了组织者的目的后，接下来就应该分析观众的需求，一般情况下，他们来自背景完全不同的人群。如图 11-10 所示，您需要站在观众的角度思考，才能抓住大部分观众的需求。

图 11-10　分析观众的需求

　　此外，您还需要静下来仔细想一想，自己做这场演讲的目的是什么呢？如果成功了，会给自己带来多大的影响呢？怎样做，才能离成功更近一步呢？图 11-11 所示为演讲者常有的演讲目的。

图 11-11　演讲者的目的

第11章

### 自定义图片的旋转角度

　　若人物图片的视线或手的指向不满足要求，可在"图片工具-格式"选项卡下单击"大小"组中的对话框启动器，在"设置图片格式"窗格的"大小与属性"选项卡下设置"旋转"的角度，如下图所示。

# 11.4　演讲前的准备工作

　　要想进行成功的演讲，有两个秘诀：一个是充分的准备，另一个是多加练习。如果您认真地准备，并且不断练习，相信您的演讲能力一定会大大提升。

　　在实际工作中，举办一场一定规模的演讲，需提前进行筹划准备。通常情况下，演讲前的准备工作主要有图 11-12 所示的几点。

图 11-12　演讲前的准备工作

如图 11-13 所示，首先从演讲的方式来考虑应准备的物件，可能包括投影仪、计算机、U 盘及麦克风等，再仔细想想看，还有没有别的需求，千万不要有遗漏。

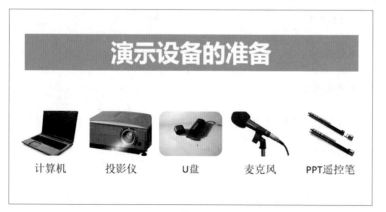

图 11-13　演示设备的准备

电子文档的准备也是非常重要的，特别是用来辅助演示的演示文稿，尽可能地准备齐可能会用到的不同版本，还需准备好相关的视频和音频文件、嵌入的字体文件和超链接文件路径等，如图 11-14 所示。

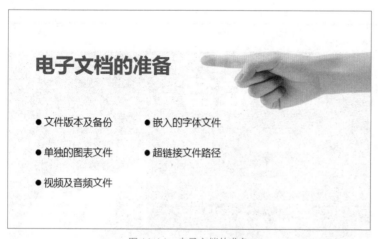

图 11-14　电子文档的准备

**使用遥控笔掌控演示文稿**

演讲者不用一直待在计算机旁边，除非他希望照着计算机中的内容来读。为了更好地在演讲时展现肢体语言，可以使用遥控笔来翻页。

**插入超链接**

在"插入"选项卡下单击"链接"组中的"超链接"按钮，打开"插入超链接"对话框，根据实际情况选择链接的文件或图片，如下图所示。

如图 11-15 所示，演讲会场的布置与准备也是比较重要的，检查的要点包括：会场是否整洁美观，场地内外的欢迎标语是否张贴到位，灯光和音响效果是否正常，观众席位数量是否充足，就座方式是否确定。

**其他准备**

除了要注意会场的布置和安排，演讲者还需要提前了解行车路线，提前一定的时间到达，以免出现意外情况而延迟演讲时间。

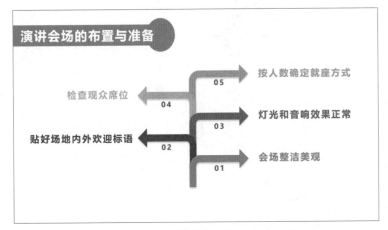

图 11-15　演讲会场的布置与准备

此外，演讲者自身形象的准备也是一个要点，糟糕的个人形象可能会导致一次失败的演讲。如图 11-16 所示，您可以从这几个方面来检查自己的形象是否适宜。

**关于演讲者形象**

在商务演示中，演讲者的形象就是他传递给观众的第一印象。蓬乱的头发，落满灰尘、没有光泽的皮鞋，一个形象欠佳的人，说服力也自然大打折扣。此外，如果演讲者无精打采，说话有气无力，也就相当于告诉观众，他是一个身心疲惫、没有激情的人，观众自然也会把这些感情色彩投射到演讲上。这样的话，在他开口之前，演讲就已经失败了。

图 11-16　个人形象的准备

如图 11-17 所示，最好在正式演讲之前进行多次排练。可以先进行自我预演，然后进行团队预演，最后根据反馈信息，检查您的演示文稿和演讲方式等。

**上下移动SmartArt图形中的某个形状**

如果要让 SmartArt 图形中的某个形状上下移动，可先选中该形状，在"SmartArt 工具 - 设计"选项卡下的"创建图形"组中单击"上移"或"下移"按钮，如下图所示。

图 11-17　排练和检查

# 11.5　演讲的技巧与细节

优秀的演示文稿，加上精心的准备，做好这些，您离成功的演讲还有一步之遥，掌握演讲的技巧与细节，将助您轻松地迈过这一步。

为什么同样内容的演讲稿，有的人能演讲得栩栩如生，演讲结束后掌声雷动，观众仍舍不得离场；而有的人去演讲，整个演讲过程毫无生气，观众不是睡着了，就是在玩手机，还有的甚至实在难以听下去，宁愿背上对演讲者不尊重的骂名也要离场而去。多了解和学习一些演讲的技巧与细节，可以提高演讲者自身的能力，成为一位优秀的、能深深打动观众的演说家！

演讲时需要注意的细节有哪些呢？如图 11-18 所示，首先是开场白与结束语；其次包括如何激发观众的兴趣，演示文稿的放映技巧，处理疑难问题和突发情况，不宜涉及的问题，克服紧张等。

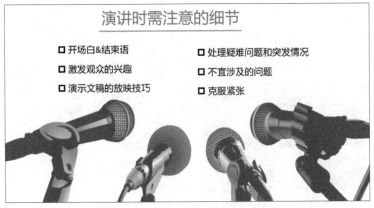

图 11-18　演讲时需注意的细节

一段生动的开场白可以让您迅速成为焦点，紧紧抓住观众的心；同样地，一个精彩的结尾会让人回味无穷。因此，千万别小看开场白和结束语。

如图 11-19 所示，开场白通常包括自我介绍、解释需求和演讲题目等；而结束语则包括总结重点、致谢等。

图 11-19　开场白和结束语包括的内容

📖 设置放映的类型

在"幻灯片放映"选项卡下单击"设置"组中的"设置幻灯片放映"按钮，打开"设置放映方式"对话框，在"放映类型"选项组下单击需要类型的单选按钮，如下图所示。

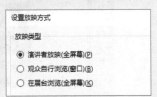

📖 设置放映幻灯片的范围

默认情况下，进行放映时会放映所有的幻灯片。您也可以根据需要设置演示文稿的放映范围。在"设置放映方式"对话框中的"放映幻灯片"选项组下单击"从"选项按钮，然后在后面的文本框中设置要放映的幻灯片的页码范围，如下图所示。

第11章

若不能激发观众的兴趣，演讲必定是枯燥无味的，也难以达到演讲的目的。因此，必须要知道如何才能激发观众的兴趣。如图11-20所示，可充分地利用自己的身体语言，保持微笑，通过手势或姿势激发观众的兴趣，此外，还可以通过讲故事的方式对演讲内容进行生动形象的演绎。

图 11-20 激发观众兴趣的方法

在演讲时，演讲者需要根据演讲的进度来控制演示文稿的放映，因此，放映技巧是演讲技巧中比较重要的一个方面。演示文稿的放映技巧包括哪些内容呢？如图 11-21 所示，其主要包括五个方面的内容：使用排练计时、录制幻灯片演示、存储为自动播放的格式、使用遥控笔切换及使用演示者视图等。

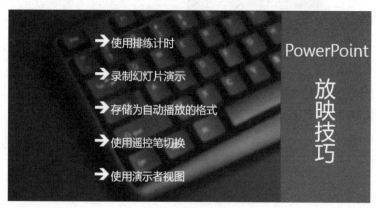

图 11-21 演示文稿的放映技巧

📖 放映选项设置

若要让幻灯片循环放映，直到按ESC键退出放映，在"设置放映方式"对话框中勾选"循环放映，按 ESC 键终止"复选框，如下图所示。若要放映时不显示旁白，勾选"放映时不加旁白"复选框；若要放映时不播放动画，勾选"放映时不加动画"复选框。

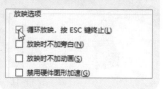

📖 如何启动排练计时

通过使用排练计时，可以对幻灯片进行预演，以掌握好每张幻灯片放映的时间。在"幻灯片放映"选项卡下单击"设置"组中的"排练计时"按钮，即可进入全屏幻灯片模式，以了解每张幻灯片的放映时间，如下图所示。

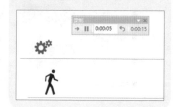

演讲的过程中，观众与演讲者的互动通常可以使一场演讲达到高潮。在观众的提问中，也许您会遇到棘手的问题和突发情况，一时不知道怎么去回答。首先必须保持冷静和风度，并根据提问者的问题做出有技术性的回答；然后回答的语气要中肯，不要有敷衍的态度；此外，不要与观众争论，维持友好的会场气氛，如图 11-22 所示。

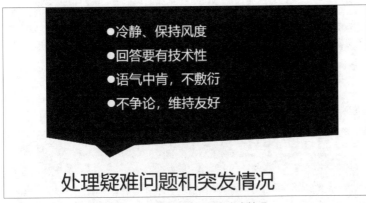

图 11-22　处理疑难问题和突发情况

如图 11-23 所示，在演讲过程中，不宜涉及以下方面的内容：公司机密、政治、收入、流言蜚语和性等。如果涉及这些内容，则需巧妙地回避，也可以让观众在演讲结束后了解。

图 11-23　不宜涉及的问题

保存为自动放映的格式

在 PowerPoint 中，有一种后缀名为 .ppsx 的幻灯片放映格式，打开保存的文件即可直接放映幻灯片。

如果希望将演示文稿保存为可以自动放映的格式，单击"文件"菜单，从视图菜单中单击"另存为"选项，打开"另存为"对话框，在"保存类型"下拉列表中单击"PowerPoint 放映（*.ppsx）"类型，如下图所示，然后单击"保存"按钮。

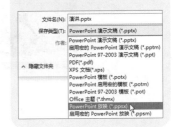

设置换片方式

打开"设置放映方式"对话框，在"换片方式"选项组下单击想要的换片方式，如下图所示。

紧张是人在特殊情况下产生的一种情绪，如何才能克服紧张感呢？您可以试一下深呼吸，让自己放松，想想自己最满意的一次演讲等，如图 11-24 所示。

图 11-24　克服紧张的方法

📖 使用笔标记幻灯片内容

　　在放映幻灯片时，如果要对某些重点内容进行标记，可在放映的幻灯片上右击，在弹出的快捷菜单中单击"指针选项 > 荧光笔"命令，如右图所示。您还可以选择激光指针或笔，并对笔的颜色进行设置。

# 第 12 章

# 典型商务
# 演示文稿赏析

在商务办公领域，演示文稿的作用正被一点一点地挖掘出来，越来越多的职场人士开始研究和探讨演示文稿，甚至会不由自主地爱上演示文稿，因为演示文稿真的可以使他们的工作变得简单而快乐！

如果把演示文稿设计比喻成一段旅程，那么恭喜您，您的演示文稿设计之旅就快圆满结束了！接下来，让我们来欣赏一些典型的商务演示文稿吧！

# 企业品牌文化推广

企业品牌文化是企业核心竞争力的源泉，反映了一种致力于物质生产的精神气质。在制作相关演示文稿时，重点是演示文稿的主题必须与企业品牌文化特色相结合。

如图 12-1 所示，选择蓝色系列的主题效果，演示文稿中融入了与行业相关的元素，整体风格仍保留商务演示文稿的简洁特色。

图 12-1　企业品牌文化推广演示文稿浏览效果

如图 12-2 所示，标题幻灯片上方的蓝色系图片视野开阔、积极奋进，与企业文化相呼应；下方则使用文本表达了本演示文稿的核心内容。

图 12-2　添加标题页

　　在演示文稿中使用目录页，可以方便浏览，特别是在幻灯片数量较多的长演示文稿中，使用目录页是很有必要的，可以快速为观众展示本演示文稿的内容结构。如图 12-3 所示，幻灯片在列出目录项时使用了数字编号，如此演示文稿的内容在条理上更清楚了。

图 12-3　在演示文稿中使用目录页

了解了演示文稿的内容结构后，可以在展示企业品牌文化内容前加一张幻灯片，对观众表示欢迎，如图 12-4 所示。

图 12-4　欢迎词页

　　大多数情况下，目录页展示的是一个大概的内容结构，在每部分内容之下可能还有详细的子内容，此时可插入一张幻灯片展示内容结构下的子内容结构，从而帮助制作者、演讲者及观众梳理本内容点下的详细内容，如图 12-5 所示。

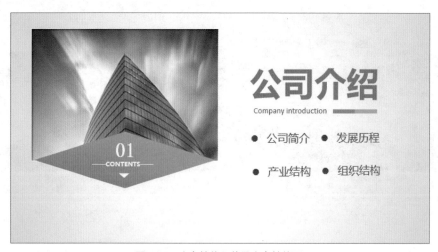

图 12-5　内容结构下的子内容结构页

完成结构的梳理后，演讲者就可以为观众展示子结构的详细内容了。如图 12-6 所示，该张幻灯片主要以文本形式对公司进行了介绍，并在右侧插入了公司图片，从而让观众能够从文字和图片中大致了解本公司。

图 12-6　公司简介页

如图 12-7 所示，该幻灯片中使用 PowerPoint 组件中内置的形状绘制了一张公司发展历程图，给观众展现公司的诞生过程，让观众跟随着图示的走向，快速地了解和掌握公司的发展历程。

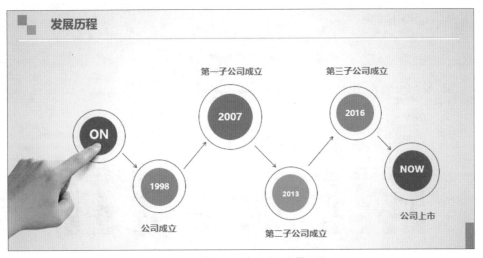

图 12-7　使用图示表现公司发展历程

如图 12-8 所示，幻灯片使用了网状图片和形状展示公司的产业结构，能够帮助观众更加快速地了解公司的产业分布情况。

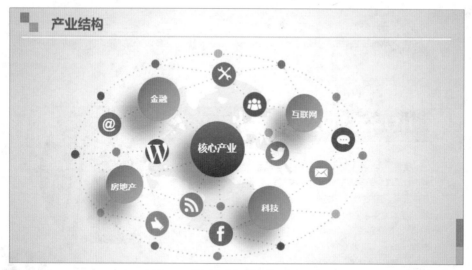

图 12-8　使用图片和形状展示产业结构

如图 12-9 所示，本张幻灯片主要用于展示公司的组织结构情况，在幻灯片中插入图形能够帮助观众快速地看清本公司的组织结构。

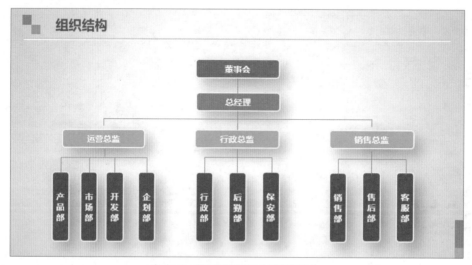

图 12-9　使用图形展示公司组织结构

如图 12-10 所示，幻灯片的主要内容是公司的服务宗旨，为了让服务宗旨更加直观和形象，使用了多个形状聚集的效果进行展示。

图 12-10　在幻灯片中使用形状展示服务宗旨

如图 12-11 所示，该张幻灯片主要为观众展示了公司的文化理念，首先使用形状块标注出了主要的文化理念，然后使用并列关系的项目符号对每个文化理念进行了详细的说明。

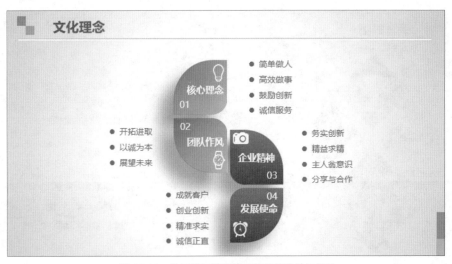

图 12-11　使用项目符号展示并列关系的幻灯片

如图 12-12 所示，该幻灯片使用了多张图片展示公司的团队风采，并以不规则的图片放置效果来吸引眼球，既形象化，又让人眼前一亮。

图 12-12　使用活泼的图片展示公司团队风采

本幻灯片主要对公司获得的荣誉进行了一个概括，采用图片、形状及文本框相结合的方式，如图 12-13 所示。观众能够从左侧的图片中直观了解本张幻灯片要介绍的内容，然后从中间的形状中掌握荣誉获得的时间，最后从右侧的文本框中知道具体荣誉。

图 12-13　图片、形状和文本框相结合的幻灯片

如图 12-14 所示，首先在由多个形状组成的具有 3D 效果的形状中概括了市场前景的相关要点，随后在文本框中对各个要点进行了详细的解释说明，这种结合方式让幻灯片更加生动有趣。

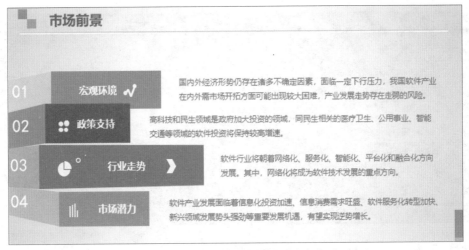

图 12-14　使用形状和文本框的幻灯片

完成主要内容的介绍后，再添加一张幻灯片用于放置结束语，对公司的品牌文化进行总结，如图 12-15 所示，其左侧插入的图片与文本框中的内容相结合，说明了公司对未来的期望，而且图文结合的效果使得幻灯片内容更简洁明了。

图 12-15　作为结束语的幻灯片

如图 12-16 所示，为演示文稿添加了与第一页相同背景的幻灯片作为结尾，既首尾呼应，又能对观众进行感谢以示尊重。

图 12-16　尾页幻灯片

# 简约的工作总结汇报

工作总结汇报类的演示文稿中可能会出现较多的文字内容、数据或图表，这种类型的演示文稿更多的时候是用来阅读的，因此可读性是一个很关键的因素。背景和颜色都不宜太过复杂，应着重突出工作总结汇报的简洁干练，对于配色方面，使用整体协调性较好且浅色的背景最佳！

图 12-17 所示为整个工作总结汇报演示文稿的浏览效果，可看到该演示文稿主打灰色系配色，界面的元素也比较少，整体给人以干净整洁的印象。

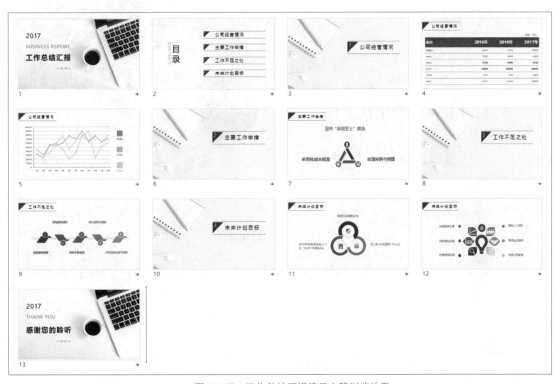

图 12-17　工作总结汇报演示文稿浏览效果

从整体上欣赏了该演示文稿后，接下来再从单张幻灯片的角度来分析。如图 12-18 所示，标题幻灯片中使用了有计算机和咖啡的淡灰度图片作为背景，非常简单且不会影响到标题的展示，同时也避免了单一颜色填充的单调性；而且图片内容与本演示文稿的标题内容相契合，黑色的文字在淡灰色的背景上可读性较高；标题字体较大，非常醒目。

图 12-18　工作总结汇报标题幻灯片

　　如图 12-19 所示，该张幻灯片使用的版式很简单、干净，文字颜色也是常用的黑色，相较于幻灯片背景色，既醒目又不失和谐。

图 12-19　目录页幻灯片

一般情况下，在工作总结汇报演示文稿中，为了直观、明确地展示汇报的数据内容，表格的应用会很常见，如图 12-20 所示。

## 公司经营情况

单位：万元

| 项目 | 2015年 | 2016年 | 2017年 |
|------|--------|--------|--------|
| 销售收入 | 82000 | 57000 | 30000 |
| 毛利润 | 13000 | 8600 | 6300 |
| 纯利润 | 8100 | 4400 | 3100 |
| 总资产 | 43000 | 29000 | 28000 |
| 总负债 | 8300 | 2300 | 5800 |
| 净资产 | 35000 | 26000 | 22000 |

图 12-20　含有表格的幻灯片

如图 12-21 所示，该张幻灯片主要用于反映公司各个产品在 12 个月份的销售情况，这里使用了带数据点的折线图。不同产品使用了不同颜色的折线，从图中可以很明确地看到各个产品的销售趋势。

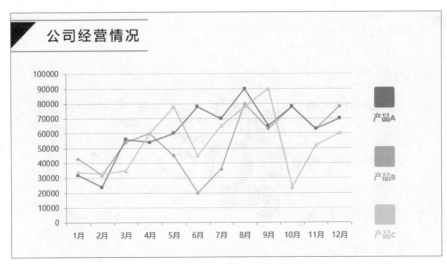

图 12-21　插入图表表现数据的幻灯片

如图 12-22 所示，该幻灯片使用各种形状直观地展示了工作的不足之处，使得幻灯片内容简洁明了。

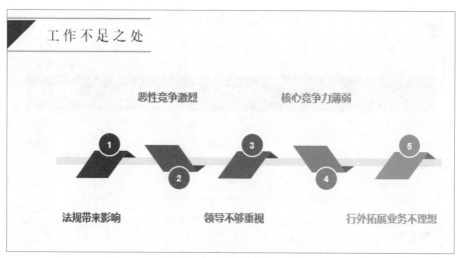

图 12-22　使用形状表现内容的幻灯片

如图 12-23 所示，该幻灯片展示了未来的计划目标，插入的多个形状和图标让幻灯片在干净整洁的基础上还多了一丝活泼。

图 12-23　插入各种矢量图的幻灯片

图 12-24 所示为本演示文稿的尾页幻灯片，应用了标题幻灯片中的背景图片，首尾呼应。

图 12-24　尾页幻灯片

# 专业的活动策划方案

活动策划方案是为活动所制作的计划、具体行动实施办法，目的在于增强员工凝聚力、归属感和积极性，让每一个员工助力企业的腾飞和发展；在制作过程中，还可以在演示文稿中展示企业文化和团队，借此展示企业形象，以此来增加员工对企业的信心。

如图 12-25 所示，该演示文稿主要使用了一些生动有趣的图片和形状来表现，并且在叙述时，运用灵活生动的表格和图表，增强了一种亲切感。

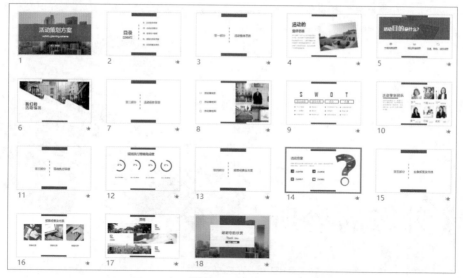

图 12-25　活动策划方案演示文稿浏览效果

　　为了既不影响图片，又不影响标题文字的可读性，可在图片上绘制形状，然后在形状上输入文本内容。如图 12-26 所示，该标题幻灯片中插入了一个半透明效果的红色矩形，并输入了白色的标题内容，既保证了美观性，也保证了文本内容的可读性。

图 12-26　标题幻灯片效果

图 12-27 所示是该演示文稿的目录页，虽然与前面演示文稿的目录页区别不大，但设计了一种特别的版式，让幻灯片不至于那么死板。

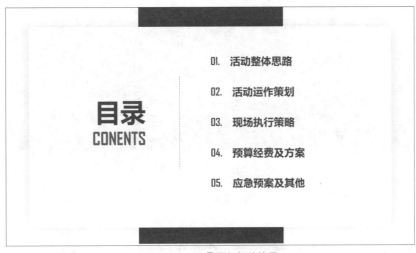

图 12-27　目录页幻灯片效果

并不是任何图片插入到演示文稿中都能起到同样的效果，图片的选择是需要反复斟酌的，如图 12-28 所示，由于要与房地产相契合，所以插入了一张房屋图片，此外，为了让幻灯片不那么"规矩"，为插入的图片设置了样式。

图 12-28　插入图片的幻灯片

对于关键的内容，可以使用多种方法来进行强调。如图 12-29 所示，该幻灯片使用了黄色的增大字体，使关键内容异常醒目，可以明确地让观众知道该活动的目的。

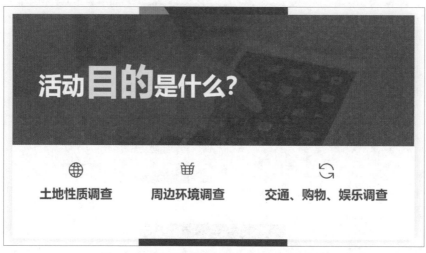

图 12-29　使用不同的颜色突出重点内容的幻灯片

如图 12-30 所示，设计本幻灯片的目的在于让观众了解该活动的优势、劣势、机会及机遇，为了更直观和清晰，使用了 SWOT 分析法，同时插入了形状和项目符号对各个项目进行展示。

图 12-30　形状、文本框和项目符号相结合的幻灯片

如图 12-31 所示，本幻灯片中插入了多张图片，并将其整齐地排列，在图片下方给出了各人物的职位，让观众能够大致知晓本活动中的团队人物。

图 12-31　多图型的幻灯片效果

如图 12-32 所示，为了形象化地展示各个项目的执行完成度，幻灯片中并没有使用常规的图表，而是使用组合形状，直观而简单地进行了说明。

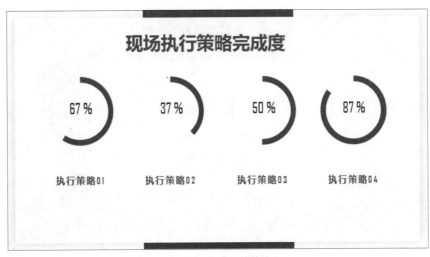

图 12-32　组合形状的妙用

如图 12-33 所示，幻灯片的右侧使用了拼图形状组成的问号，并在问号中输入了文本内容，给观众留下考虑的空间。

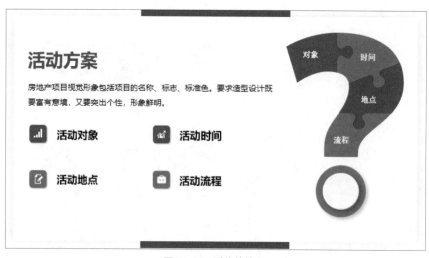

图 12-33　形状的妙用

本演示文稿尾页如图 12-34 所示，背景图片与标题幻灯片的相同，为了突出尾页内容，使用了白底红字和红底白字相搭配的效果。

图 12-34　尾页幻灯片

# 动感的企业宣传画册

## 12.4

接下来赏析一下演示文稿中的动画效果吧。通常，如果是用来做企业宣传用的演示文稿，除了页面要设计得美观以外，可以适当使用一些动画，让演示文稿动起来。当然，动画也不宜过于复杂，什么时候都不要忘记演示文稿的目的是辅助展示企业形象，切不可喧宾夺主。

如图 12-35 所示，该企业宣传画册演示文稿主要使用了一些紧扣主题且生动有趣的图片来表现。

图 12-35　企业宣传画册演示文稿浏览效果

如图 12-36 所示，该标题幻灯片使用了 3 个圆形，其中左右两侧的圆形中插入了装修效果图片，从而告诉观众本企业的主要业务领域，中间的圆形中则直接使用文字说明了本演示文稿的目的在于宣传企业，且使用了半透明的黑底来突出白色的文本内容。

图 12-36　标题幻灯片效果

　　虽然是宣传画册，但在单张幻灯片中也无需插入过多的图片进行渲染，如图 12-37 所示的幻灯片就使用了两张图片来展示宣传效果。

图 12-37　图片和文本框相结合的幻灯片效果

本演示文稿中插入了一页有很多文字的幻灯片，如图 12-38 所示，目的在于让观众对企业有一个大致的了解。

图 12-38　必不可少的文字内容幻灯片

如果需要逐一强调图片，在设计动画时，可以设置为逐个呈现。如图 12-39 所示，幻灯片中的图片依次从上方缩放进入，可以给观众留下逐一观看的时间。需要注意的是，在为多张图片设置动画时，应注意动画的一致性，不可过度区分，否则容易让人眼花。

图 12-39　图片的缩放进入效果

如图 12-40 所示，为幻灯片中插入的图片使用了擦除效果，这样其在放映时会像一幅画一样展开，具有一种浓烈的现实感。

图 12-40　图片的擦除进入效果

图 12-41 所示幻灯片中的两张图片并未使用一样的动画效果，左侧的图片使用了浮入的效果，右侧的图片使用了擦除的效果，两种动画效果相结合，使幻灯片的展示更加具有动感。

图 12-41　动感的展示效果